AF325079

ÉTUDES GÉOLOGIQUES.

ÉTUDES GÉOLOGIQUES

SUR LES DÉPARTEMENTS

DE

L'AUDE ET DES PYRÉNÉES-ORIENTALES

(RÉSUMÉ),

PAR

A. D'ARCHIAC.

EXTRAIT DU BULLÉTIN DE LA SOCIÉTÉ GÉOLOGIQUE DE FRANCE,
2ᵉ série, t. XIV, p. 460, séance du 16 mars 1857.

PARIS,

IMPRIMERIE DE L. MARTINET,
RUE MIGNON, 2.
1857

ÉTUDES GÉOLOGIQUES.

INTRODUCTION.

La surface d'environ 300 lieues carrées que comprend notre Carte est limitée à l'est par la côte de la Méditerranée, depuis l'embouchure de l'Agly jusqu'à celle de l'Aude ; au nord et à l'ouest par la vallée de cette dernière rivière jusqu'à Axat, et au sud par la chaîne de montagnes qui, près de Peyrestortes, commençant à s'élever de dessous la plaine quaternaire de Rivesaltes, se dirige à l'ouest en passant par Estagel, puis au sud de Saint-Paul, de Caudiès et d'Axat, pour se prolonger vers Bellesta et au delà dans le département de l'Ariége.

Cette surface est essentiellement montagneuse, et sa portion centrale est souvent désignée sous le nom de *montagnes des Corbières*. On distingue quelquefois aussi par l'expression de *Basses-Corbières* les collines qui environnent la petite ville de la Grasse, le Mont-Alaric, etc., et sous celle de *Hautes-Corbières* le massif de Monthoumet, celui des environs de Tuchan, la chaîne dont le pic de Bugarach fait partie, etc. ; mais ces dénominations vagues et arbitraires ne répondant point aux exigences d'une description géologique, nous avons dû commencer par déterminer les caractères orographiques et les limites de chaque chaîne en particulier ou de chaque groupe montagneux. Un Résumé de cette partie de notre travail, accompagné de la classification des principales divisions de terrains, ayant été déjà publié (1), nous n'y reviendrons pas en ce moment, malgré quelques modifications et les additions assez importantes que nous y avons faites, telles, entre autres, que les altitudes relevées sur la minute des feuilles de la nouvelle carte de France, dressée par MM. les offi-

---

(1) L'*Institut*, 29 août, 5 et 12 sept. 1855.

ciers du corps d'État-major. Ces documents, que nous devons à l'obligeance extrême de M. le directeur général du Dépôt de la Guerre, donnent à notre carte et aux coupes qui l'accompagnent un degré d'exactitude que nous n'eussions pu obtenir avec des mesures prises par nous-même.

Parmi les travaux qui ont contribué à faire connaître la géologie de ce pays, nous signalerons surtout ceux de MM. Dufrénoy, Tournal, Vène, A. Paillette, Leymerie et Tallavignes. D'autres observateurs ont aussi apporté le tribut de leurs recherches, depuis de Charpentier jusqu'à MM. Reboul, Boué, Marcel de Serres, Rozet, Bouis, Farines, Fauvelle, Companyo, Durocher, Rolland du Roquan, Raulin, E. Dumortier et Noguès. Celles que ce dernier a faites à notre prière, pendant l'automne de 1856, sur divers points de la chaîne de Fontfroide, à la montagne de Saint-Victor et aux environs de Tuchan, ont comblé plusieurs lacunes de notre travail. En outre, les fossiles des terrains de sédiment ont été étudiés par Picot-Lapeyrouse, et par MM. Ad. Brongniart, Marcel de Serres, Leymerie, de Boissy, Rolland du Roquan, Michelin, Noulet, Alcide d'Orbigny, Cotteau et par nous-même. Nous renvoyons à notre publication définitive l'examen et la discussion de tous ces documents (1), et, pour abréger, nous supprimons ici, après la citation des espèces fossiles, l'indication des noms d'auteurs qui seront plus tard mentionnés avec tous les détails propres à guider le lecteur.

La légende de notre Carte présente les divisions suivantes indiquées par 18 teintes :

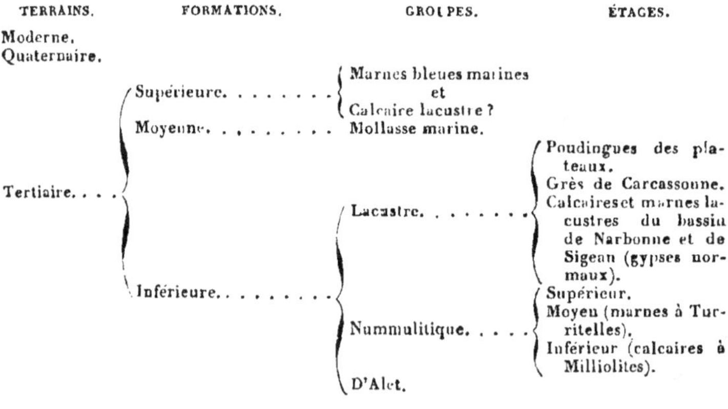

TERRAINS.	FORMATIONS.	GROUPES.	ÉTAGES.
Moderne.			
Quaternaire.			
Tertiaire....	Supérieure.........	Marnes bleues marines et Calcaire lacustre ?	
	Moyenne...........	Mollasse marine.	
	Inférieure.........	Lacustre.........	Poudingues des plateaux. Grès de Carcassonne. Calcaires et marnes lacustres du bassin de Narbonne et de Sigean (gypses normaux).
		Nummulitique.....	Supérieur. Moyen (marnes à Turritelles). Inférieur (calcaires à Milliolites).
		D'Alet.	

(1) Ce travail accompagné de la carte, de coupes, de vues et de planches de fossiles, paraîtra dans la seconde partie du t. VI des *Mém. de la Soc. géologique.*

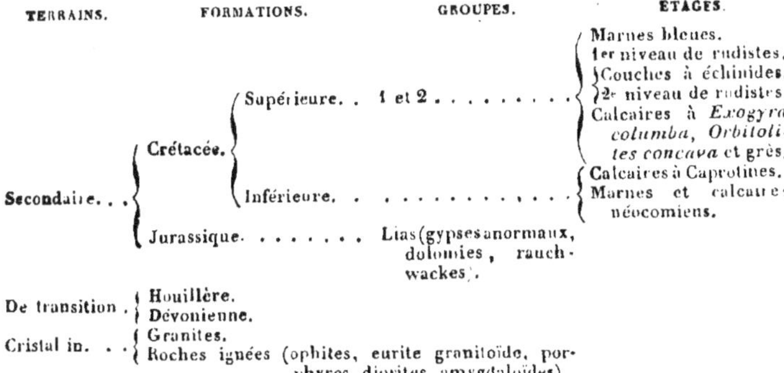

A l'exception des dépôts modernes et quaternaires, tous les autres
ont été plus ou moins disloqués. Dans les terrains tertiaire et secondaire, les brisures n'ont, à peu d'exceptions près, donné lieu qu'à
des vallées et à des montagnes monoclinales. On n'y trouve que
deux ou trois exemples de montagnes ayant un axe anticlinal, et il
n'y a point de vallées synclinales proprement dites. Dans quelques
cas, les couches affectent une disposition en entonnoir ou s'abaissent
vers un centre commun; plus rarement elles constituent un cirque
de soulèvement, sur le pourtour duquel les strates inclinent en
dehors. Les chaînes les plus étendues, dont le relief est si prononcé
dans la partie sud de la Carte, ne sont encore que le résultat de dislocations simples; elles sont toujours monoclinales, quoique leurs
couches atteignent quelquefois la verticale.

La surface du pays peut être ainsi comparée à un parquet dont
chaque feuillet aurait été dérangé de sa position première en tournant
sur un de ses côtés comme charnière, sans jamais dépasser un angle
droit, de manière qu'il put en résulter un renversement complet.
Il n'y a par conséquent nulle part intervertissement dans les rapports
stratigraphiques, et les dépôts occupent encore tous la position géographique relative qu'ils avaient lors de leur formation; seulement,
pendant l'époque quaternaire, la dénudation des couches tertiaires,
favorisée par les dislocations antérieures, a fait qu'aujourd'hui ces
couches ne s'observent que par lambeaux discontinus, découpés sur
leur pourtour, et ne nous représentent qu'imparfaitement leur
extension première.

La position géographique relative, irrégulière et capricieuse des
dépôts tertiaires et secondaires, est un des caractères les plus frappants de la géologie de cette région. Ainsi on n'y observe point d'axe
montagneux, de part et d'autre duquel les couches soient disposées
suivant leur ancienneté relative, ni de centre autour duquel cet
arrangement systématique se soit produit, et encore moins de bassin

sur les parois duquel les sédiments offrent des zones concentriques placées en rapport avec leur ancienneté. Sur le pourtour du massif de transition allongé de l'E. à l'O., qui occupe à peu près le milieu de la Carte, on voit reposer successivement au nord les poudingues tertiaires des plateaux, au nord-ouest le groupe nummulitique, à l'ouest celui d'Alet, au sud la formation crétacée supérieure, puis l'inférieure, à l'est le lias et les dépôts houillers.

Cette distribution particulière des roches de divers âges ne pouvait devenir sensible que sur une carte géologique où les divisions fussent assez nombreuses. C'est pourquoi sur la carte de la France, où trois teintes représentent toutes les roches crétacées et tertiaires, comme sur celle de M. Leymerie, qui d'ailleurs apporta une amélioration très notable dans la classification et la répartition des terrains, ce caractère essentiel de la géologie géographique des Corbières devait rester inaperçu.

Nous allons esquisser les principaux traits des subdivisions que nous avons reconnues dans ce pays, et en suivant l'ordre du Tableau précédent. Les terrains moderne et quaternaire n'offrant rien de bien particulier dans leur puissance ni dans leur composition, et leur distribution n'influant pas sensiblement sur le relief du sol dont ils occupent en général les parties les plus basses, nous en traiterons ailleurs et nous passerons de suite à l'examen du terrain tertiaire.

FORMATION TERTIAIRE SUPÉRIEURE.

Nous rapportons à la période des marnes sub-apennines les marnes bleues, coquillières, signalées par M. Marcel de Serres (1) sur la rive gauche de l'Agly, en face du village d'Espira, et qui se trouvent à environ 30 mètres au-dessus du niveau de la mer. Nous regardons comme en étant le prolongement, les couches argileuses et sableuses traversées, au-dessous des dépôts quaternaires de la plaine, dans les sondages artésiens de Rivesaltes, de Perpignan, de Bages, etc. Dans ceux qui ont été poussés le plus avant, jusqu'à 125 et 180 mètres, la limite inférieure de ce système de couches n'a pas été atteinte (2). Sur 87 forages qui ont été exécutés jusqu'en 1854, 58 ont réussi, donnant ensemble 35 millions de litres d'eau par jour, et 29 sont restés sans résultat. Ces chiffres sont ceux donnés par MM. Companyo et Falip, mais suivant une note manuscrite, fort bien faite, que nous devons à M. Fauvelle, de Perpignan (3), le

---

(1) *Géognosie des terrains tertiaires*, p. 86, in-8, 1829.
(2) Farines, l'*Institut*, 25 oct. 1834, p. 350.
(3) 10 juin 1857. — La quantité d'eau fournie par un puits peut

nombre des puits qui ont donné des résultats avantageux serait aujourd'hui de 71. Ils se trouvent répartis dans les communes de Perpignan, Bompas, Saint-Estève, Rivesaltes, Saint-Laurent, Pia, Théza, Villeneuve-de-la-Raho, Bages, Terrate, Toulouges et Canohès. Leur réunion forme une zone de 3 à 4 lieues de long sur 1 à 2 de large, dirigée N., S., et placée à égale distance des montagnes et de la côte.

Toutes les tentatives faites en dehors de cette zone ont été jusqu'à présent sans succès. La zone se divise elle-même en trois petits bassins, celui de Bages, celui de Perpignan et celui de Rivesaltes. Les eaux du premier se distinguent de celles des autres par la présence du carbonate de soude. Les couches traversées sont partout sensiblement les mêmes ; ce sont des marnes argileuses avec des lits de sable, de gravier, de calcaire quelquefois siliceux, subordonnés, et des coquilles marines disséminées çà et là. L'inclinaison générale est de l'O. à l'E., et la nappe aquifère est ordinairement dans un sable assez pur recouvert d'un lit d'argile verte.

Nous n'avons pu représenter sur la Carte que les dépôts lacustres mentionnés par M. Tournal (1), comme recouvrant la mollasse marine de l'île de Sainte-Lucie, et le poudingue à gros éléments qui semble occuper la même position au-dessus du banc d'Huîtres de la colline de Gruissan, les uns à 18 et l'autre à 23 mètres au-dessus du niveau de la mer. On peut supposer avec quelque probabilité le synchronisme de ces dépôts d'eau douce avec les sédiments marins des bassins de l'Agly, de la Têt et du Tech.

FORMATION TERTIAIRE MOYENNE.

La mollasse marine appartenant à cette formation est peu développée sur la rive droite de l'Aude, dans la dernière partie de son cours, et elle n'existe que sur des points isolés, souvent fort éloignés les uns des autres. Réunie aux dépôts lacustres sous-jacents sur la carte géologique de la France et dans notre premier travail, nous avons dû l'en séparer, et placer ceux-ci dans la formation inférieure, d'accord en cela avec l'opinion de MM. Raulin, de Reuville, Delbos et Noulet.

Le point le plus occidental où l'on ait signalé des couches marines de la formation tertiaire moyenne se trouve près du Luc, dans la

---

varier de 25 à 1200 litres par minute ; la moyenne est d'environ 120 litres, ce qui donne pour les 71 puits 8500 litres par minute. Nous devons la connaissance de ces documents récents à l'obligeant intermédiaire de M. Parès, qui avait bien voulu se charger de les demander à l'auteur.

(1) *Journ. de géol.*, vol. I, 1830

vallée de l'Orbieu (1). Au nord, sur les bords de l'Aude, elles se montrent vis-à-vis de Saint-Marcel (2). Nous les avons étudiées particulièrement dans la colline de l'Estagnol, située au nord-nord-est de Montredon, et s'élevant au-dessus du calcaire lacustre qui affleure près du cimetière de ce village. Cette colline est composée, sur une hauteur d'environ 60 mètres, de calcaires blanchâtres, poreux, à ciment spathique ou cristallin, de calcaires blancs friables et de marnes blanches, quelquefois argileuses et sableuses. On y trouve les *Ostrea crassissima* et *palliata*, avec de nombreux moules de Tellines, de *Mytilus*, de *Venus*, etc.

La forme tabulaire, la teinte gris verdâtre et les pentes régulières des collines situées au nord de ce point, entre Mousson et l'Écluse de Delfense, comme de celles comprises entre Fresquet et le Bretes, dénotent la même origine. Cette dernière colline, qui atteint 122 mètres d'altitude, repose également sur les couches lacustres et gypseuses de Malvezy.

Un affleurement du même âge, entouré par les dépôts modernes et quaternaires de la plaine de Narbonne, s'observe à une demi-lieue à l'est de cette ville, à la métairie de Creissel. Dans le vallon des Bugadelles, sur le chemin de Marmoulieres à Saint-Pierre de-Mer, un dépôt semblable est indiqué, et nous en avons observé également sur le côté méridional de la colline à laquelle Gruissan est adossé, ainsi que le long de la côte occidentale de l'île de Saint-Martin, au sud de la métairie des Pujols, recouvrant transgressivement les couches crétacées. L'île de Sainte-Lucie en serait presque entièrement formée, de même que la petite élévation sur laquelle se trouve la maison de campagne de Montfort, au nord de l'étang de Bages. Suivant M. Tournal, les couches à *Ostrea crassissima* formeraient le *substratum* de la ville même de Narbonne.

Il est probable que la plupart des assises de marnes bleues avec des Huîtres et d'autres coquilles marines qu'a traversées le forage exécuté dans cette ville, et poussé jusqu'à 123^m,43 sans obtenir d'eau jaillissante, appartiennent à la formation qui nous occupe. On peut remarquer cependant que la base des affleurements, connus à la surface du sol dans les localités précédentes, atteint souvent de 45 à 50 mètres d'altitude, et qu'elle descendrait ici au moins à 113 mètres au-dessous du niveau de la mer, ce qui donnerait une différence de niveau de 160 mètres pour la même couche prise à d'assez faibles distances. Il serait donc possible que cette série appartînt aux marnes bleues supérieures, et qu'elle ait été déposée après

(1) Noguès, *Notice géol. sur le département de l'Aude*, in-12, 1855.
(2) Tournal, *loc. cit.*

le relèvement de la mollasse marine dont nous parlons ; ce seraient alors des sédiments contemporains de ceux des bassins de l'Agly, etc. Mais d'un autre côté la présence de bancs d'Huîtres militerait en faveur de la première hypothèse.

Quoi qu'il en soit, les lambeaux de la formation moyenne, isolés aujourd'hui, et qui ont dû faire partie d'un dépôt plus ou moins continu de sédiments marins, ne se trouvent que dans la région inférieure du bassin de l'Aude, reposant, vers le milieu de la vallée, d'une manière concordante sur les sédiments lacustres tertiaires, et le long de ses bords d'une manière discordante sur les roches secondaires. Dans le premier cas, nous les voyons atteindre jusqu'à 122 mètres d'altitude ; dans le second, ils s'élèvent à peine à 10 ou 12 mètres au-dessus du niveau de la mer. Leur plus grande épaisseur serait de 70 à 75 mètres.

FORMATION TERTIAIRE INFÉRIEURE.
Groupe lacustre.

Les dépôts que nous réunissons sous ce titre, et que nous rattachons à la formation tertiaire inférieure par des considérations à la fois stratigraphiques et paléontologiques, sont très développés dans le bassin moyen et inférieur de l'Aude, à partir des environs de Limoux. Ils bordent la vallée depuis Carcassonne jusqu'à Narbonne, pour redescendre au sud jusqu'au delà de Sigean, et pénétrer en plusieurs points au milieu des massifs montagneux. Ils s'étendent ensuite vers le nord, bien au delà des limites de notre Carte, dans le département de l'Hérault, et à l'ouest vers Castelnaudary, longeant le pied de la Montagne-Noire, comme ils dessinent au sud les contours découpés des Corbières. Sur la carte géologique de la France, de même que sur celle de M. Leymerie, ils ont été réunis à la mollasse marine précédente et coloriés comme représentant la formation tertiaire moyenne.

Trois roches principales composent ce premier groupe : des *poudingues*, des *grès calcarifères et sableux* ou *mollasse d'eau douce* (grès de Carcassonne), des *calcaires marneux blanchâtres ou jaunâtres* avec des gypses normaux subordonnés. Les deux premières roches passent fréquemment l'une à l'autre par la prédominance d'un de leurs éléments, mais en général les poudingues semblent occuper la partie supérieure. Quant aux marnes et aux calcaires marneux blanc-jaunâtre, on les voit particulièrement et presque exclusivement, depuis les environs de Narbonne jusqu'à Sigean, sur les flancs des roches secondaires de la Clape et de la chaîne de Fontfroide. Dans plusieurs parties de l'intérieur des montagnes, les poudingues existent seuls, de sorte qu'il y a une certaine indépendance géographique dans la distribution de ces diverses roches.

L'origine d'eau douce des marnes et des calcaires est mise hors de doute par la présence exclusive des coquilles fluviatiles et ter- restres, répandues à profusion sur certains points, comme par celle des plantes, des insectes et des poissons. L'origine des poudingues et des mollasses ou grès de Carcassonne serait plus douteuse, si dans leur prolongement au nord et à l'ouest, au delà du cadre de notre Carte, la découverte de mammifères fossiles, toujours à l'exclusion des débris marins, ne justifiait l'opinion déjà exprimée par MM. Del- bos, de Rouville, Raulin, ainsi que par plusieurs paléontologistes, et à laquelle nous nous rattachons aujourd'hui.

Poudingues des plateaux et de l'intérieur des montagnes. — En suivant la limite nord du massif paléozoïque de Monthoumet, depuis les environs d'Albas jusqu'à ceux de Lairière, on voit un vaste dépôt de poudingues s'abaisser au N., et passer au delà de Saint-Martin, de Saint-Pierre et de Talairan. Il s'appuie au S. contre les schistes de transition, et, sur le reste de son pourtour, l'étage nummulitique supérieur vient affleurer dessous. Son inclinaison générale est au N., mais le long de l'Orbieu elle est de 15 à 20 degrés vers l'O. Il atteint sa plus grande altitude à la Playroles, au sud-ouest de Blanes où elle est de 537 mètres. A Durfort et à Saint-Martin, le long de la rivière, elle est de 224 et de 200 mètres seulement. La puissance de ces poudingues s'accroît en sens inverse de leur inclinaison, et elle n'atteint pas moins de 300 mètres à la montagne de la Playroles.

Cet ensemble de roches clastiques, qui commence sur les pentes de la petite vallée de Saint-Pierre, se développant de plus en plus à mesure qu'on s'avance vers le S., offre, à toutes les hauteurs, d'énormes assises qui affleurent sur les flancs des collines. Les bancs de poudingues sont quelquefois séparés par des bancs de grès ou de marne sableuse, jaune, plus ou moins endurcie. Des couches rouge lie de vin, panachées de gris et de jaune, y sont aussi subordonnées. A la partie inférieure, le poudingue est à très gros nodules de quartz, de calcaires noirs, de schistes gris et noirs, etc., reliés par un ciment de grès à gros grains. D'autres couches très solides, tenaces, très dures, sont à nodules avellanaires, de calcaire compacte, gris ou noirs, reliés par un ciment abondant de calcaire rosâtre, sub- cristallin. Entre Talairan, Jonquières et Albas, des couches mar- neuses avec coquilles d'eau douce appartiennent encore à cet étage, dont elles occuperaient ainsi la limite orientale.

Les contours supérieurs et sinueux du plateau élevé de la Camp, au sud de Mayronnes, montrent partout, comme l'a dit Tallavignes (1),

____

(1) *Bull. Soc. géol. de France*, 2ᵉ sér., vol. IV, p. 1132, 1847.

le dépôt de poudingues qui le couronne, s'élevant à 693 et 734 mètres le long de son bord méridional. Il suit au nord le sommet des montagnes qui entourent le Villar à l'ouest, et atteint 510 mètres à la partie la plus orientale de la crête de la Malpère, au-dessus de Domnove où M. Raulin l'a signalé (1).

A partir de cette crête flexueuse, il s'abaisse généralement à l'O. vers Clermont, Greiffeil (Agreiffeil de Cassini) et Molières, où son importance diminue.

Outre ces roches clastiques qui bordent au sud le terrain de transition, recouvrant le groupe nummulitique au nord, et se rattachant directement vers l'ouest à la mollasse d'eau douce de Limoux, il y a encore au milieu des Corbières, mais au delà du même massif de transition, un petit bassin entouré de montagnes, dans lequel on ne pénètre que par des gorges étroites, et dont le fond, ainsi que les premières pentes, est occupé par un dépôt puissant que nous regardons comme synchronique du précédent : c'est le bassin de Tuchan. Les poudingues et les grès ferrugineux qu'on y observe, et qui, vers le confluent du Verdouble et du Mas-de-Ségure, ne sont qu'à 183 mètres d'altitude, se relèvent très sensiblement à l'est sur les pentes des montagnes crétacées. Le long de la route de Vingrau, ils atteignent plus de 200 mètres au-dessus du fond de la vallée, et ils constituent toute la colline de Paziols, au pied de laquelle M. Farines a signalé un gisement de lignite (2). Ces assises puissantes de débris accumulés se sont formées aux dépens des roches qui constituent les parois du bassin ; disloquées et partiellement dénudées ensuite, elles ont été redressées sur leur bord comme les roches secondaires. Elles ne peuvent donc être placées ni dans la période quaternaire ni avec les marnes bleues coquillières horizontales du bassin de l'Agly.

Mollasse lacustre ou *grès de Carcassonne.* — Cette roche, généralement à grain fin, grise, jaunâtre, blanchâtre ou verdâtre, composée de sable siliceux et de marne en proportions variables, est généralement peu dure, friable, d'un aspect uniforme et à cassure terreuse. Des lits irréguliers ou de petits amas de cailloux et de galets très arrondis y sont subordonnés çà et là.

La mollasse constitue toutes les collines des environs de Limoux où elle plonge généralement de 15 à 18 degrés au N. Elle atteint 344 mètres d'altitude sur la crête qui sépare le ruisseau de Laga-

---

(1) *Sur l'âge des formations d'eau douce*, etc. (*Actes de l'Acad. impér. de Bordeaux*, p. 336, 1855?).

(2) L'*Institut*, 19 avril 1834. — D'Archiac, *Hist. des progrès de la géologie*, vol. II, p. 716, 1849.

gnoux de celui de Corneilla, et se trouve à 162 mètres seulement sur la rive droite de l'Aude, au Moulin, en amont de Limoux. Au sud de la chapelle de Brasse, on la voit recouvrir, avec une concordance parfaite, des grès à gros grains, puis à grains fins, qui se lient à des calcaires marneux, gris et jaunâtres, remplis de Nummulites, et dont l'inclinaison est constamment la même. Cette concordance de la mollasse avec toute la série nummulitique qui lui succède, et que nous retrouverons partout où les circonstances l'ont permise, était déjà un motif puissant pour rapporter au terrain tertiaire inférieur les dépôts qui nous occupent.

De Limoux à Carcassonne, la mollasse règne constamment, mélangée çà et là de lits de cailloux comme aux environs de Rouffiac, où l'on peut observer la superposition des lits de cailloux roulés, quaternaires, sur ceux qui dépendent du terrain tertiaire.

Les travaux exécutés en 1856 pour l'établissement du chemin de fer le long du canal, à l'entrée même de Carcassonne, ont coupé les bancs les plus solides de la mollasse. Celle-ci forme entièrement aussi la colline de la vieille Cité, dont le pied est baigné par l'Aude, et que couronne sa double enceinte de tours et de murailles crénelées. La roche qui la constitue est un grès grisâtre, plus ou moins sableux, à grains plus ou moins gros, dont la stratification n'est pas toujours bien distincte vers le bas où la structure massive tend à prédominer, tandis que vers le haut les bancs sont moins épais. La roche tendre que l'on a exploitée à la scie est composée de petits grains de quartz reliés par un ciment marneux ou argileux gris. Un mélange de petits cailloux de quartz ou d'autres roches fait passer la pierre à une sorte de macigno à petits éléments. Le sommet de cette colline n'est qu'à 144 mètres d'altitude et à 50 mètres au-dessus du niveau de la rivière.

A Conques, au nord-nord-est de Carcassonne, la mollasse d'eau douce repose sur le groupe nummulitique, et un Lophiodon (*L. occitanicum*) y a été découvert. A l'est, sur la route de Trèbes et au delà, la roche passe à des marnes argileuses, à des grès rougeâtres et à des poudingues toujours plus ou moins dérangés. Elle suit et borde le groupe nummulitique du versant nord du Mont-Alaric, par Barbaira et Capendu, participant aux accidents du premier étage avec lequel elle se lie intimement, comme Tallavignes l'avait déjà observé. Elle forme ensuite deux bandes de collines basses : l'une se dirigeant de Douzens au N.-E., vers Roquecourbe, Castelnau et Tourouzelle ; l'autre de Mous vers Montbrun et Montrabech, séparée de la précédente par des dépressions qu'occupent les marnes nummulitiques. A l'ouest de Lézignan, ces collines ont 174 et 194 mètres d'altitude. Le fond de la plaine à l'est de ce bourg est une marne bianche d'apparence lacustre. La mollasse s'observe encore autour d'Ornaisson et jusque près de Gasparet, représentée par un poudingue assez épais. Lorsqu'on remonte la vallée de l'Ausson vers Thézan, à partir de l'auberge du Pont, le long de la route de la Grasse, elle constitue une marne jaune, panachée de blanc, accompagnée de poudingue que recouvrent les dépôts quaternaires. Tout ce système, en passant au nord ou sur la rive gauche de l'Aude, continue à se montrer très développé; mais à l'est de la jonction de l'Orbieu, il cesse sur la rive droite, et les calcaires marneux lacustres avec les marnes le remplacent.

Calcaires marneux, blanchâtres et jaunâtres du bassin de Narbonne et de Sigean.—Les calcaires lacustres, inférieurs à la mollasse marine que nous avons décrite, commencent à se montrer, d'après M. Tournal, sur le chemin de Marcougnan, avant la maison de campagne de Brèles. Nous les avons observés le long du cimetière de Montredon, et ils sont très développés dans les buttes des fours à chaux au sud-ouest de Narbonne. Ainsi commence une nouvelle série de dépôts qui fait présumer que tout le pays compris entre la chaîne secondaire de Fontfroide à l'ouest, celle de la Clape à l'est et les plateaux à une lieue au sud de Sigean, se trouvait, pendant le même temps, dans des conditions tout à fait différentes de celles de la partie moyenne du bassin de l'Aude que nous venons de parcourir. L'espace que nous désignons par l'expression de bassin de Narbonne et de Sigean devait être sous des eaux douces et dans un état de tranquillité relative, comme le prouve la nature des sédiments qui le remplissent. L'absence, si ce n'est à la base, de toute roche clastique, et la présence au contraire de marnes et de calcaires marneux, tendres ou friables, avec des débris organiques, végétaux et animaux, lacustres et terrestres, la plupart bien conservés, y dénote une période de calme.

Le tiers nord-ouest à peu près du massif triangulaire de la Clape est formé par des couches de ce groupe, dont la plus grande altitude ne dépasse pas 137 mètres à l'ouest d'Armissan. Autour de ce village, au sud, dans le ravin de la Ricardelle et sur d'autres points, on peut constater la position régulière des couches lacustres sur les calcaires crétacés. Dans la seconde de ces localités, le poudingue, qui forme la première assise tertiaire, recouvre les couches à Orbitolites, et le tout plonge de 40 degrés au N.-O.; de sorte qu'on a ici la preuve d'un soulèvement très prononcé des roches secondaires, postérieur au dépôt tertiaire, et il en est de même dans le voisinage immédiat d'Armissan. Des empreintes de poissons, de végétaux et d'insectes ont été depuis longtemps signalées dans les calcaires marneux, grisâtres, en dalles, exploités sur ce dernier point, ainsi que des couches de lignite à la partie inférieure du dépôt.

L'examen de ces mêmes couches au nord-ouest de Narbonne y fait reconnaître des marnes gypseuses et des bancs de gypse cristallin subordonnés dans l'exploitation de Malvezy. Les calcaires à *Helix* et à Paludines des fours à chaux du Rech-de-los-Tinos, inclinés au N. O. comme les calcaires noirs sous jacents, offrent la contre-partie de la disposition observée sur les pentes de la Clape. La composition et la stratification des deux buttes qui portent les fours à chaux sont identiques, ainsi que leur relation avec les calcaires secondaires dont elles ont partagé le dernier mouvement d'élévation.

Si de ce point on suit la route de Sigean, on marche constamment sur des couches du même système, formant de chaque côté des collines déprimées, blanc jaunâtre, et ne dépassant pas 130 mètres au-dessus des étangs qui baignent leur pied à l'est. Ces collines se relèvent d'une part vers le littoral, et de l'autre vers la chaîne secondaire de Fontfroide, du côté de laquelle les couches inclinent assez généralement de 10 degrés. Ce sont des calcaires jaunâtres, marneux, noduleux, tendres et terreux, ou bien des calcaires marneux, gris, à grain fin, bien stratifiés, se délitant parfois en dalles ou en plaquettes. Ces couches constituent aussi les petites îles de l'étang de Bages.

Les gisements de gypse de Portel et du Lac ont été décrits depuis longtemps par MM. Tournal et Marcel de Serres. La masse gypseuse, plus ou moins marneuse, grise, de 12 à 15 mètres d'épaisseur, est parfaitement régulière, et subordonnée à des calcaires lacustres remplis de petites Paludines et d'une Potamide identique avec celle qui caractérise les marnes supérieures au gypse d'Aix. Dans les exploitations du Lac, un lit de dusodyle a été signalé, ainsi que de nombreuses empreintes de petits poissons (*Lebias* ou *Cyprinus Cuvieri*) qui rappellent aussi ceux des plâtrières d'Aix ; enfin des plantes semblables à celles d'Armissan y ont été reconnues.

La petite ville de Sigean est bâtie sur un plateau incliné au N., et composé de calcaires marneux et de marnes blanches, jaunâtres ou grisâtres, régulièrement stratifiés, et coupés à pic au sud et à l'ouest. Ces couches, qui se prolongent au sud jusqu'au col des Mazels où elles recouvrent les marnes et les schistes noirs néocomiens, inclinent au N., et présentent dans leur ensemble la plus parfaite analogie avec les marnes supérieures du calcaire grossier du bassin de la Seine. M. Noguès y a trouvé des Hélices voisines des *H. Coquandiana* et *Micheliana*, le *Planorbis rotundatus* et des Lymnées, mais toujours plus ou moins déformées et peu déterminables.

Enfin le noyau secondaire qui forme la base de la presqu'île de Leucate supporte un massif tertiaire dont les couches horizontales occupent la presque totalité de sa surface quadrangulaire ; ce sont, de bas en haut, des marnes sableuses jaunes, des lits de cailloux et de poudingues, de nouvelles marnes sableuses, roses ou blanchâtres, et des calcaires marneux blancs, des calcaires en plaquettes, enfin un calcaire très celluleux, grisâtre, compacte, rempli de petites Paludines, de Planorbes, etc., qui forme le plateau supérieur dont l'altitude est de 53 mètres.

Nous terminerons l'exposé des caractères et de la distribution de ce groupe lacustre, en rappelant : 1° que dans le prolongement occidental de la mollasse de Limoux et de Carcassonne, autour de Castelnaudary, à Issel, Villeneuve-le-Comptal, Mas-Saintes-Puelles, etc., plusieurs espèces de *Lophiodon*, de *Palæotherium*, de *Paloplothe rium*, etc., ont été signalées ; 2° que dans la partie que nous avons observée, les relations stratigraphiques avec le groupe nummulitique sont des plus intimes ; 3° enfin que les couches lacustres du bassin de Narbonne et de Sigean, redressées comme les roches secondaires sur lesquelles elles reposent directement, nous ont offert des caractères pétrographiques, des gypses et certains fossiles semblables à ceux que l'on observe dans le bassin d'Aix et dans celui de la Seine ; aussi sommes-nous porté à placer le tout sur le même horizon et à le réunir à la formation tertiaire inférieure dont il représente ainsi les derniers sédiments et la dernière faune.

Groupe nummulitique.

Nous avons déjà traité assez longuement de l'historique du groupe nummulitique dans le bassin de l'Aude (1). Nous avons pu ensuite conclure, de la seule répartition stratigraphique et géographique des Nummulites, que « si, comme il était permis de le supposer, la pré-
» sence de la *N. planulata*, qui est d'accord avec d'autres données
» paléontologiques, marquait un niveau bien déterminé, il s'en sui-
» vrait que tous les dépôts nummulitiques des Corbières et des
» Pyrénées seraient postérieurs aux lignites du nord de la France, et
» à plus forte raison à la faune marine des sables du Beauvoisis (2). »
Depuis lors, nous avons exposé notre classification définitive du

---

(1) *Histoire des progrès de la géologie*, vol. III, p. 33, 1850.
(2) *Descript. des animaux fossiles du groupe numm. de l'Inde, Monographie des Nummulites*, p. 80, in-4, 1853.

2

groupe dans ce même pays (1), et nous la reproduirons ici avec quelques développements pour qu'on puisse bien juger de l'ensemble des terrains représentés sur la Carte.

Le groupe nummulitique est restreint, dans l'espace que celle-ci comprend, au bassin hydrographique de l'Aude proprement dit, puisque nous n'en connaissons encore aucune trace à l'est de la chaîne de Fontfroide, dans le bassin de Narbonne et de Sigean, non plus qu'au sud dans celui de l'Agly. Les massifs crétacés et de transition, sur ces deux côtés de notre quadrilatère, ont donc opposé une barrière aux dépôts de cette période, et prouvent que ces rides montagneuses avaient été déjà relevées suivant des directions que les mouvements ultérieurs ont également suivies.

Par suite des dislocations nombreuses et des dénudations qu'ont éprouvées les dépôts nummulitiques, leur distribution générale actuelle, ou mieux celle de leurs affleurements, est fort irrégulière, et il en est de même de celle de chaque étage en particulier. Ainsi, dans le bassin supérieur de l'Aude, le groupe est parfaitement développé autour de Couiza ; mais dès qu'on s'avance un peu vers le nord, le relèvement du groupe d'Alet sous-jacent le fait disparaître des pentes de la vallée, et son étage inférieur contourne, par des plateaux élevés de 655 mètres, le massif de transition. Tout le groupe se dirige ensuite à l'est par Vendemies, Arse et la Caunette, en formant une bande étroite, limitée au nord par la mollasse de Limoux, et s'appliquant sans intermédiaire au sud contre les schistes anciens.

Il constitue les pentes moyennes et inférieures de la montagne de la Camp, et disparaît sous le grand dépôt de poudingues du groupe précédent avant d'atteindre la vallée de l'Orbieu. Il affleure sur le pourtour de cette vaste nappe de roches clastiques, occupe toutes les pentes de la vallée du Rabe, les plateaux de Tournissan et de Saint-Laurent, se prolongeant au nord par les gorges de la Neille et Montmigea, dans la plaine de Fabrezan, et jusqu'au pied de la grande brisure qui a fait affleurer les couches de transition et le groupe d'Alet à l'extrémité orientale du Mont-Alaric.

Des pentes de la montagne de la Camp dont nous venons de parler, les roches nummulitiques se suivent au nord, en formant de même les talus qui circonscrivent le bassin supérieur de l'Alsou, ceux de la crête de la Malpère vers Arquettes à l'est, comme vers Monze au nord. Elles constituent aussi tout le revêtement extérieur du Mont-Alaric, limitées au nord et à l'ouest par les dépôts du groupe

---

(1) L'*Institut*, 5 sept 1855.

lacustre. Celui d'Alet qui les borde au contraire à l'est dans toute la région montagneuse de la Grasse ne se voit, dans le massif du Mont-Alaric, qu'à ses extrémités et dans les brisures de sa partie moyenne. Les assises nummulitiques le recouvrent encore dans la vallée de l'Orbieu et vers le milieu de la hauteur du cirque de la Grasse. Au nord de la route de Carcassonne à Lézignan, elles s'étendent au N.-E., affleurant sous le groupe supérieur jusqu'à la rive gauche de l'Aude, autour de Roubia.

Nous avons établi dans ce groupe (1) trois étages, caractérisés par la présence des Nummulites, mais composés de roches différentes. Le premier et le second se relient cependant par l'analogie de quelques-unes de leurs assises, et le troisième qui, par suite de circonstances particulières, atteint aujourd'hui les plus fortes altitudes, occupe à lui seul des étendues considérables. Nous avons essayé de les distinguer tous trois sur notre Carte, par les modifications d'une même teinte. Nous les décrirons en marchant du sud-ouest au nord-est.

L'*étage nummulitique supérieur* comprend des calcaires jaunes ou gris, des marnes et des grès brunâtres ou jaunâtres, des psammites et accidentellement des poudingues. On l'observe plus particulièrement sur la rive gauche de l'Aude, au-dessous de Montazels en face de Couiza, recouvrant les marnes bleues du second étage, et se prolongeant vers Esperaza et Rouvenac. Sur la rive droite on le voit jusqu'à Palabrac, puis en montant le chemin de Rennes, etc. L'inclinaison générale de tout le système au S., fait qu'il cesse de se montrer au nord de Couiza.

Au sud de Limoux, non loin de la chapelle de Brasse, il succède à la mollasse. Il est représenté par un grès gris à gros grain, un autre à grain fin, très dur, un calcaire marneux gris avec *Nummulites Leymeriei* et un calcaire grossier jaunâtre rempli de *N. Ramondi*, var., *Leymeriei* et *biaritzensis*. Lorsqu'on s'avance vers l'E. par la Caunette, il conserve sa position et manifeste des caractères peu prononcés sous l'épaisse nappe des poudingues supérieurs. Il s'en dégage plus nettement entre Saint-Pierre et la Borde-rouge, au sud de la Grasse, pour constituer ensuite le plateau de Tournissan à Saint-Laurent, où il est rempli de *Nummulites Ramondi*, var., *d* et *a* d'*Operculina canalifera*, de Turritelles, etc.

La partie la plus élevée de la butte de Jonquières, les coteaux supérieurs des bords du Rabe jusqu'aux métairies de Montplaisir, de Montmigea et de Cabagnol sont formés, la première de grès psammites, gris

---

(1) L'*Institut*, 5 sept. 1855.

ou brunâtres, et les autres de calcaires jaunes ou grisâtres, terreux, pétris de *N. Ramondi*, var. *e*, et de *N. Leymeriei*. On observe cet étage sur le pourtour du Mont-Alaric, entre le pied nord de la montagne et la route de Lézignan à Carcassonne. Il paraît être sans fossiles, beaucoup plus puissant qu'à l'est, et composé d'alternances de psammites gris, rouges et panachés, de marnes rouges, grises ou jaunes, de grès, de poudingues et de calcaires gris bleuâtre, très durs. Ces diverses assises, alternativement meubles ou solides, forment une série de crêtes dentelées, discontinues, parallèles, ou de grandes écailles alignées qui longent la base de la montagne, plongent constamment vers elles ou au S., sous un angle variant d'abord de 15 à 35° et atteignant jusqu'à 75°, dans son voisinage immédiat, à la hauteur de Capendu et de Barbaira. Le plongement redevient normal dans tout le couronnement de l'escarpement marneux, semi-elliptique qui circonscrit au nord, à l'ouest et au sud l'extrémité occidentale du Mont-Alaric, dont il est séparé par la vallée de la Bretonne.

L'étage nummulitique moyen, celui des *marnes à Turritelles* ou *marnes bleues* de Couiza, d'Albas, de la vallée du Rabe, de Ribaute, de Roubia, etc., est depuis longtemps connu des collecteurs de fossiles, et le Mémoire de M. Leymerie joint à celui de Tallavignes pourrait nous dispenser d'en parler ici, sans la nécessité de préciser des rapports stratigraphiques souvent mal définis. C'est, d'ailleurs, un excellent horizon géologique pour ce pays et sur la position duquel il ne doit rester aucune incertitude.

Autour de Couiza, cette position est nettement indiquée entre le premier et le troisième étage, surtout dans la coupe de la rive gauche de l'Aude, puis en montant le chemin de Rennes, et au moulin de Coustaussa. On y trouve particulièrement la *Nummulites Leymeriei*, les *Operculina ammonea* et *granulosa*, les *Trochocyathus bilobatus* et *sinuosus*, la *Cardita minuta*, la *C. vicinalis*, la *Turritella ataciana*, etc. Les deux premiers étages plongent régulièrement au S.-S.-O. des deux côtés de la Sals comme sur les rives de l'Aude.

A la sortie des gorges d'Alet, du côté de Limoux, près de la métairie des Pairouchés, douze assises de calcaires et de marnes qui succèdent aux grès du premier étage représentent celui dont nous parlons. La première de ces assises est une marne grise exploitée à la tuilerie, et la dernière, en face de la métairie, est un calcaire marneux avec Nummulites. Vers l'est, cette série suit, par la Caunette, la bande étroite du groupe qui disparaît au delà sous les poudingues. Les marnes et les calcaires marneux, d'une épaisseur de près de 100 mètres plongent à l'O. tout le long de la vallée du Rabe, de Coustouge, à Saint-Laurent. La *Nummulites biarritzensis* en caractérise la partie supérieure avec le *Trochocyathus sinuosus*, le *Trochosmilia multisinuosa*, les *Nummulites Ramondi*, var. *d* et *Leymeriei*, la *Panopœa elongata* et la *Venericardia minuta* (*Cardita*), tandis que la *Lucina corbarica* se montre surtout dans les parties moyennes et inférieures. Dans l'étroite vallée que suit le chemin de Fontjoncouze les couches plongent au S., et à 1500 mètres de ce dernier village on les voit au contact du lias.

Au nord de Saint-Laurent en face d'Espalays, leur inclinaison est de 45° à 50° à l'E., et elles s'appuient contre les calcaires du troisième étage. En continuant à se rapprocher de Fabrezan elles plongent à l'O.-S.-O. ; elles sont recoupées plusieurs fois par la route le long de la grande côte de la Borde-Rouge près de la Grasse, où elles renferment aussi de nombreux fossiles. Elles constituent le fond de la vallée de l'Orbieu à partir de Ribaute, forment partout les berges de la rivière et un grand escarpement au delà de Grafan, où elles plongent au S.-E. comme tout le groupe d'Alet, sous lequel on croirait qu'elles s'enfoncent. Quelques bancs d'Huîtres assez réguliers (espèce voisine de l'*O. crepidula*, Defr.) s'y montrent à l'exclusion de la plupart des autres fossiles.

Ces couches affleurent peu à l'est et au nord du Mont-Alaric, mais elles constituent un vaste escarpement semi elliptique circonscrivant toute sa partie occidentale. Elles présentent leur tête à la montagne au-dessus de Pradelles, de Monze et au delà, bordant la rive gauche de la Bretonne qui coule au fond d'un immense fossé de circonvallation. Ce sont des marnes bleues et des calcaires marneux alternant, puis des psammites et des marnes bleues alternant aussi, des calcaires gris bleu et des grès vers le haut accompagnés de poudingues. Ces strates variés plongent partout en dehors du cirque, suivant la génératrice d'un cône très surbaissé dont le sommet se trouverait dans le plan de l'axe de la montagne, mais passant fort au-dessus de sa partie la plus élevée. Ils reposent sur les calcaires compactes blanchâtres du troisième étage, qui forment aussi un bombement ou plan incliné inférieur, sorte d'élément d'une portion de cône concentrique compris dans le précédent.

Au sud de Pradelles une faille semble avoir élevé les deux premiers étages pour constituer le plateau allongé de Montlaur à Comelles, où l'inclinaison est toujours au S. Entre ce massif et le Mont-Alaric ils forment une ride parallèle sur laquelle se trouve la métairie de Roquenegade, où Tallavignes avait cru voir une discordance complète entre les marnes bleues et les calcaires blancs compactes des flancs de la montagne. Mais une coupe perpendiculaire à la direction des couches montre au contraire que celles du premier étage et les marnes sous-jacentes, qui forment l'escarpement tourné à l'ouest et au nord, ainsi que le fond du vallon, sont parfaitement concordantes entre elles comme avec les calcaires de la voûte du Mont-Alaric lui-même ou l'escarpement opposé du vallon. Il n'y a ici ni faille, ni discordance de stratification, mais une disposition identique avec celle que nous venons d'indiquer sur tout le reste du pourtour occidental du Mont-Alaric. Enfin ce même étage constitue la partie moyenne et inférieure des pentes qui s'abaissent à l'est des crêtes de la Malpère et du plateau de la Camp, sur les territoires d'Arquettes, de Services, du Villar et de Mayronnes.

L'*étage nummulitique inférieur* est essentiellement calcaire. Il supporte les marnes et les calcaires marneux précédents et recouvre le groupe d'Alet. Le massif rocheux, isolé de toutes parts, que couronne le village de Rennes, est composé de bancs de calcaire gris avec grains de quartz, de 10 à 12 mètres d'épaisseur totale, remplis de Milliolites et reposant sur des marnes grises gypsifères et sur des marnes rouges. Ils appartiennent à ce troisième étage comme ceux qui, plus au sud, sont en face de Brenac, coupés par la route de Quillan à Bellesta. On peut les suivre encore au delà dans le département de l'Ariége s'appuyant contre les chaînes secondaires.

Sur la rive droite de la Sals l'étage inférieur succède au groupe d'Alet, constituant les calcaires gris bleuâtre avec Milliolites de Coustaussa, qui plongent de 45° au N. Derrière le château de Couiza ils inclinent au S.-S.-O., et recouvrent des marnes rouges et jaunes. En continuant à s'avancer vers le nord, en face du Luc et en arrière de la Pujade, on voit se relever successivement une puissante assise gris jaunâtre et rougeâtre, des marnes sableuses, des calcaires marneux, enfin des calcaires en plaquettes, remplis de Milliolites, base de tout le groupe nummulitique. Ces derniers reposent sur une grande assise de marne rouge, distincte de celle que nous venons d'indiquer au-dessus, et qui forme la partie supérieure du groupe d'Alet.

Ces calcaires à Milliolites occupent, sur la rive droite de l'Aude, le sommet de la butte du Luc et du grand escarpement que longe la route de ce point jusqu'à Serres. Sur la rive gauche, ils forment les parties les plus élevées du plateau depuis la Pujade jusqu'au-dessus des métairies de Coussergue, de la Caune et de Brau, au nord-ouest d'Alet, où ils atteignent une altitude de 655 mètres, la plus considérable que présente le groupe nummulitique dans toute la région que nous décrivons.

A la sortie des gorges d'Alet du côté de Limoux, sur la rive droite de l'Aude, non loin de la métairie des Pairouchés, les calcaires de transition plongent de 35° au N. recouverts, à stratification discordante, par le troisième étage nummulitique incliné dans le même sens, mais sous un angle de 55°. Ce dernier est composé de calcaires compactes, de marnes grises schistoïdes, de calcaires gris noduleux, d'autres noirâtres, compactes, de calcaires lumachelles avec ostracées, et de divers calcaires remplis de Milliolites et d'Alvéolines. Dès qu'on atteint les assises du second étage, l'inclinaison diminue et elle se continue ensuite régulièrement jusqu'à la mollasse de Limoux. Le troisième se dirige vers l'E. en longeant le terrain de transition.

On l'observe rarement dans les montagnes de la Grasse. Cependant on doit y rattacher les calcaires jaunes à Milliolites qui portent le village de Ribaute, et les couches qui viennent affleurer dans le lit de l'Orbieu jusques et y compris le banc de calcaire marneux, noirâtre, avec Huîtres, Cérites, Pleurotome, etc., connu sous le nom de *marbre de Ribaute*. Ce système de couches que l'on voit se redresser au sud, forme à peu près la moitié supérieure du cirque de la Grasse. C'est vers sa base que nous avons trouvé un lit de calcaire marneux rempli de ces petits corps operculiformes, cornés, que M. Viquesnel a rencontrés dans une roche semblable, associés avec des Paludines près de Baloukkeuï, aussi à la base du groupe nummulitique de la Turquie. M. Deshayes vient de les décrire sous le nom de *Viquesnelia lenticularis*.

Les Psammites gris jaunâtre, terreux avec *Neritina Schmideliana* et *Nummulites planulata*, des bords de la rivière, au-dessous de Saint-Laurent, font sans doute partie de notre troisième étage, ainsi que les roches contre lesquelles s'appuient les marnes bleues d'Espalays.

Mais c'est dans la montagne d'Alaric que cette division du groupe prend le plus de développement et acquiert une véritable importance pour l'orographie du pays. Ses calcaires blanc grisâtre, compactes, très durs et peu altérables par les agents atmosphériques constituent tout le revêtement extérieur de la voûte, là où elle existe dans son intégrité. Partout ils succèdent immédiatement aux marnes bleues dont les escarpements circonscrivent, comme on l'a vu, le pied de la montagne dans sa partie occidentale, et qui laissent une dépression sur le reste de son pourtour. A sa partie orientale, au sud de Mous, au four à chaux d'Alaric, dans le ravin de la Combe Saint-Jean sur son versant nord, entre Capendu et Barbaira, sur ce vaste plan incliné que longe la route de Monze après la grande brisure oblique des Paillassés qui a fait affleurer le groupe d'Alet, de même que sur tout le versant méridional, vers Pradelles et Roquenegade, ces bancs épais et bien suivis sont caractérisés par la présence d'une grande quantité de Milliolites, par les *Nummulites Lucasana, Ramondi*, var. *d, planu-*

lata, l'*Alveolina sphæroidea*, une *Orbitoidea*, n. sp., la *Neritina Schmideliana*, l'*Ostrea* si voisine de l'*O. vesicularis* et partout fréquente à ce niveau, l'*Hemiaster Alarici*, le *Periaster Orbignianus*, un *Echinolampas* pris pour l'*E. ellipsoidalis*, la *Terebratula montolearensis*, etc.

Ainsi, les diverses coupes que l'on peut très facilement faire du Mont-Alaric prouvent que ce massif résume tous les éléments du groupe nummulitique du pays, et montre en même temps ses rapports avec le groupe tertiaire inférieur d'Alet. Il est en effet composé de calcaires nummulitiques du troisième étage formant une voûte demi-cylindrique, brisée en divers points, dont les *retombées* s'abaissent au N. et au S., ou de chaque côté de son axe, pour passer sous les argiles et les marnes bleues du second. A celles-ci succèdent, au sud et à l'ouest, les calcaires nummulitiques du premier ; tandis qu'au nord celui-ci serait représenté par une série complexe de grès, de calcaires, de poudingues, de marnes rouges, grises ou jaunes. Cette voûte comprend à l'intérieur les assises du groupe d'Alet qui viennent au jour par de vastes échancrures que le soulèvement a produites à ses extrémités est et ouest, et sur quelques points de l'*extrados*. De sorte qu'on peut distinguer à la fois la composition intérieure de la montagne, l'arrangement symétrique de ses couches extérieures, et apprécier les effets des phénomènes dynamiques qui ont accidenté le tout.

Quant à leurs altitudes, les trois étages présentent des différences notables en rapport avec les accidents qui les ont affectés, et avec leur composition minéralogique plus ou moins favorable à leur destruction. Ainsi le premier étage n'atteint généralement qu'une faible hauteur, au sud de Couiza, et ne se relève qu'avec les marnes du second sur les pentes des montagnes de la Camp et de la Malpère. Les marnes occupent presque toujours les dépressions du sol. Leur base est à 225 mètres près de Couiza, à 173 au bas de Coustouge, a 143 à Monze, tandis qu'à Ribaute, sur les bords de l'Orbieu, leur partie supérieure n'est qu'à 96 mètres. Le troisième étage s'élève, au contraire, fréquemment. A l'extrémité occidentale du Mont-Alaric au nord de Pradelles, il atteint 503 mètres, puis 595 à l'extrémité opposée au-dessus de Camplong, 279 à la crête supérieure du cirque de la Grasse. Sur la rive gauche de l'Aude, nous l'avons signalé à 655 mètres au nord-ouest d'Alet, et à 526 sur son prolongement méridional en face du Luc. La crête de Cassaigne est à 474 mètres, et le village de Rennes à environ 450.

Groupe d'Alet.

Les dépôts qui forment la division la plus basse du terrain tertiaire n'avaient pas encore été bien caractérisés ni convenablement groupés, lorsque nous commençâmes à étudier le pays. Réunis à la formation crétacée sur la carte géologique de la France, on les trouve associés tantôt au groupe nummulitique, tantôt aux couches de la craie proprement dite. M. Leymerie comprit nos deux groupes sous la teinte jaune de sa carte, ce qui était beaucoup plus rationnel, mais il ne les distingua l'un de l'autre, ni dans le texte de son mémoire ni dans le tableau des terrains qui l'accompagne. Les limites générales de cet ensemble ainsi compris ont d'ailleurs été tracées avec exactitude par ce géologue. De son côté, Tallavignes, après une étude stratigraphique plus détaillée, avait associé à tort l'étage nummulitique inférieur aux marnes rouges, aux calcaires, aux poudingues et aux grès sous-jacents pour en faire son *système alaricien*, lequel n'était ainsi fondé ni stratigraphiquement, comme nous venons de le dire, ni paléontologiquement, ni pétrographiquement. De plus, n'ayant pas suivi assez loin cet ensemble de couches au sud du massif de transition, il n'avait pu le limiter inférieurement d'une manière exacte, c'est-à-dire établir ses rapports avec les couches crétacées les plus récentes qui existent seulement de ce côté.

Nous avons déterminé ce point essentiel en 1853 (1), et plus tard nous avons limité et caractérisé tous les éléments du groupe (2). La seule modification que nous ayons apportée depuis à ce classement, consistait à retrancher, de la partie supérieure, la première assi e des marnes rouges et jaunes des bords de l'Aude au-dessous de Couiza, parce que cette assise surmonte les calcaires compactes en plaquettes avec Milliolites, les plus élevés des montagnes d'Alet, et que les roches grisâtres, calcarifères, situées au-dessus de la Pujade et de Gabriel, font partie du troisième étage nummulitique comme ces calcaires à Milliolites eux-mêmes. D'après cela, le groupe d'Alet se compose, dans ces montagnes des bords de l'Aude, des quatre assises suivantes, à partir des calcaires du sommet :

1. Marnes rouges supérieures.
2. Calcaires gris blanchâtre, compactes.
3. Marnes rouges inférieures et poudingues.
4. Grès reposant ici sur le terrain de transition.

---

(1) *Bull. Soc. géol. de France*, 2ᵉ sér., vol. XI, p. 188, pl. 1, fig. 1, 1854.

(2) L'*Institut*, 5 sept. 1855.

Ces assises plongent régulièrement au S.-S.-O. sous le groupe nummulitique des environs de Couiza, pour se relever au delà dans diverses directions. Cette composition du groupe, dans les escarpements qui bordent la rive gauche de l'Aude, en face de la petite ville d'Alet, est prise pour type à cause de sa netteté et de la facilité avec laquelle on peut l'observer, mais elle n'est pas toujours aussi complète ni aussi régulièrement symétrique. Ses caractères se modifient par la prédominance d'un de ses éléments constituants aux dépens des autres.

Le plateau à l'ouest d'Alet atteignant 551 mètres d'altitude, et le fond de la vallée où les grès recouvrent le terrain de transition étant à 180, si l'on estime à 50 mètres l'épaisseur du troisième étage nummulitique du sommet, il reste 521 mètres pour la puissance totale des quatre assises précédentes. Celle de la base en forme à peu près le tiers ; les calcaires ne dépassent pas 25 à 30 mètres, et les deux assises de marnes rouges sont à peu près égales.

Le groupe tertiaire inférieur se montre tel que nous venons de le caractériser ou à peu près, dans la partie du bassin de l'Aude comprise entre Alet et Quillan, s'étendant d'une part à l'est jusqu'au delà d'Arques et de Veraza, entre la Rialsesse et la Valette, de l'autre sur les territoires de Rennes, de Granes et de Commesourde. C'est à la grande assise inférieure des grès qui couronne les marnes bleues crétacées des environs des Bains de Rennes et de Sougraigne, qu'est dû l'aspect ruiniforme qui contribue à donner au paysage de cette petite région son caractère particulier. A l'ouest, on peut suivre ce groupe par Brenac et Nébias jusqu'à Puivert, Bellesta et au delà. Son redressement, suivant deux lignes parallèles entre Campagne, Couiza et Serres, de même qu'au nord de Quillan, résulte d'accidents locaux qui n'impliquent point une véritable discordance générale avec le groupe suivant.

Vu d'un point élevé, tel que le roc isolé qui porte le village de Rennes, on reconnaît que les assises du groupe d'Alet affectent des formes orographiques qui lui sont propres et qui les distinguent avec une grande netteté des roches plus anciennes sur lesquelles elles reposent. Dans l'espace compris entre Saint-Féréol, Granes, Bézu et Jandou se développent de larges ondulations semblables à d'immenses vagues venant du S.-O., dont les bords sont formés par une nappe très régulière de calcaire blanc, partout d'une égale épaisseur, et dont les courbes, légèrement concaves qui relient les divers plans des lames, sont formées par les marnes rouges. Ces nappes, autour de Rennes, sont à 419 et 435 mètres d'altitude ; elles atteignent 582 mètres à la pointe avancée qui domine Jandou dont la crête étroite et horizontale se trouve à 263 mètres au-dessus de la Sals qui coule à sa base (1).

Si l'on porte ses regards au nord, entre les vallées de la Rialsesse et de la Valette, les caractères du paysage sont absolument les mêmes. Les couches s'élèvent à 518 mètres comme au sud, et, à partir de la rive gauche de l'Aude, autour de Brenac, de Nébias et jusqu'aux environs de Bellesta les nappes calcaires blanches, horizontales, bordées de talus rouges très réguliers, simulent fort bien d'immenses lignes de fortification passagère.

Les montagnes qui environnent la petite ville de la Grasse appartiennent en grande partie à ce groupe ; mais les accidents variés qu'on y observe peuvent expliquer l'incertitude et le peu d'accord des descriptions qu'on en a données. L'assise calcaire principale forme le tiers inférieur du cirque ou mieux de l'amphithéâtre semi-elliptique appelé les *côtes de la Grasse*. A la Borde-Rouge, un kilomètre au sud de la ville, ces calcaires ont été fortement redressés et s'appuient, au tournant de la route, sur les assises inférieures rouges, tandis qu'en face, sur la rive gauche de l'Orbieu, ils sont restés presque horizontaux, constituant comme de gigantesques tumulus allongés, désignés sous le nom d'*Escairedeous*. Le massif que ce groupe forme au nord-est, vers la métairie de Lavals, ne dépasse pas 300 mètres d'altitude, de même que celui que parcourt au nord-ouest la route de la Grasse à Pradelles jusqu'à la vallée des Mattes.

On a déjà vu que les brisures occasionnées dans les calcaires du troisième étage nummulitique par le soulèvement du Mont-Alaric, avaient fait apparaître le groupe d'Alet en plusieurs points, et particulièrement à ses extrémités. Ces grandes déchirures, en amenant au jour les couches tertiaires les plus profondes, ont permis de reconnaître que, dans cette partie du bassin, comprise entre la Montagne-Noire et le massif ancien de Monthoumet, aucun sédiment secondaire ne s'était déposé, car la brisure orientale montre les couches rouges d'Alet recouvrant sans intermédiaire les schistes de transition qui s'élèvent encore à plus de 200 mètres au-dessus de la plaine de Mous. Dans cette portion de la montagne, les calcaires ont pris un grand développement aux dépens des roches arénacées et argileuses.

Nous avions pensé que le groupe d'Alet se prolongeait à l'est d'Albas pour joindre le grand escarpement si pittoresque de l'ermitage de Saint-Victor qui domine la rive gauche de la Berre, à l'ouest de

(1) Voyez la coupe des environs des Bains de Rennes, *Bull.*, 2ᵉ sér., vol. XI, p. 186, pl. 1, fig. 1, 1854.

Gléon. Nous avions observé aussi les calcaires compactes, gris de fumée, traversés de veines spathiques, de la fontaine de Fonjoncouze, les calcaires compactes, noirâtres, à débris de coquilles d'eau douce de la gorge des moulins au nord-est de ce village, la grande assise de calcaires rouges, panachés de bleu, schistoïdes et les calcaires compactes sans fossiles qui, se profilant au nord, viennent expirer dans la plaine de Thézan, mais nous avions conservé, sur les vrais rapports de ces grandes masses, une incertitude que les recherches ultérieures de M. Noguès ont en partie fait cesser, et nous sommes aujourd'hui porté à regarder le tout comme représentant le bord oriental du groupe qui nous occupe. Ces calcaires atteignent 386 mètres d'altitude au sud de l'ermitage de Saint-Victor, 348 au Pech de la Selve, entre ce point et Dones, 370 à l'ouest de ce village, et les calcaires de Thézan, qui en sont le prolongement, disparaissent sous la plaine à 125 ou 130 mètres.

Bien que les rapports stratigraphiques de cette dernière région soient encore entourés de quelque obscurité, on peut juger que la puissance du groupe y est aussi considérable que partout ailleurs, et que sa composition, quoique peu différente, prise dans son ensemble, n'offre plus cependant cette symétrie dans la position relative de ses éléments constituants qui nous avait frappé à l'ouest, d'Alet, à Quillan et à Bellesta. Les assises calcaires sont plus multipliées, et les causes qui ont fait varier la nature des sédiments ont plus souvent changé. Du reste, on observe partout la même rareté de données paléontologiques précises, et l'on serait tenté d'y voir plutôt des dépôts d'origine d'eau douce, et quelquefois torrentielle, que des sédiments formés sous les eaux de la mer.

Nous avons fait remarquer ailleurs (1) combien le groupe tertiaire le plus ancien ou *sous-nummulitique* était constant, non-seulement dans le nord-ouest de l'Europe et aux pieds des Pyrénées, mais encore dans toute la zone nummulitique orientale. Une partie de ces analogies se retrouve dans le département des Bouches-du-Rhône, et particulièrement dans le bassin d'Aix (2), où existent l'horizon du groupe lacustre et celui du groupe d'Alet (groupe des lignites). Quant au groupe nummulitique intermédiaire (3), il y serait représenté par le système des couches rouges.

---

(1) *Histoire des progrès de la géologie*, vol. III, p. 220, 1850. — *Description des animaux fossiles du groupe nummulitique de l'Inde*, p. 77. 1853.

(2) *Histoire des progrès de la géologie*, vol. II, p. 724-729, 1849.

(3) Nous avons dit (*Hist. des progrès de la géol.*, vol. II, p. 747, 1849), qu'en plaçant les gypses d'Aix sur l'horizon de ceux du bassin de

Le terrain tertiaire inférieur du bassin de l'Aude, tel que nous venons de le caractériser et de le diviser en trois parties principales, permet et oblige même de supprimer de la nomenclature générale, et comme n'étant plus justifiée, la dénomination de *système épicrétacé*, proposée par M. Leymerie, ainsi que celles de *systèmes ibérien* et *alaricien*, proposées par Tallavignes. En effet, ce ne sont que des doubles emplois, car ces divisions correspondent, aussi exactement qu'on pouvait s'y attendre à une telle distance, avec celles du terrain tertiaire inférieur du nord de la France, de la Belgique et de l'Angleterre. Ainsi notre groupe lacustre avec ses *Lophiodon*, ses *Paléothérium*, ses coquilles, ses poissons et ses plantes exclusivement fluviatiles et terrestres, ses bancs de gypse et de marnes gypseuses, subordonnés, se trouve parallèle au groupe du calcaire lacustre moyen du bassin de la Seine tel que nous l'avons limité (1); les trois étages du groupe nummulitique représentent les *sables et grès moyens*, le *calcaire grossier* et les *lits coquilliers du Soissonnais*, enfin, le groupe d'Alet correspond, dans le bassin de la Seine, à l'ensemble des assises marines, fluvio-marines et lacustres comprises entre l'horizon de la *Neritina Schmideliana* et de la *Nummulites planulata*, et le calcaire pisolithique ou la craie supérieure; en Angleterre, aux *couches de Bognor*, à la *série de Woolwich* et aux *sables de Thanet*; en Belgique au *système landenien*, (Dumont), etc.

---

la Seine, on était conduit à mettre l'étage des couches rouges, panachées, sableuses, argileuses ou détritiques avec les sables moyens et le calcaire grossier du nord, et à regarder le groupe des lignites qui est dessous, comme synchronique de celui des sables inférieurs. Cette présomption se trouve appuyée par les observations que nous a communiquées M. le marquis de Roys, qui considère les couches rouges de la Provence, placées entre les lignites et les gypses, comme représentant le groupe nummulitique tel que nous le comprenons aujourd'hui. Ces couches rouges existent, dit-il, dans le département du Gard. Ce sont des assises puissantes de poudingues à la base, puis des argiles et des calcaires marneux. Dans l'ancien lac d'Alais, dans les tranchées du chemin de fer, à Ners et aux environs près de Saint-Hippolyte-de-Caton, elles sont recouvertes par l'étage des gypses d'Aix. Il y a un petit lambeau de ces mêmes marnes, entre le Pic d'Aiguilles près du confluent du Gardon et le pont de *Vic Blanche*, sur la route de Beaucaire et de Nîmes, où la superposition discordante des trois formations tertiaires peut être observée.

(1) *Bull. Soc. géol. de France*, 1re sér., vol. X, p. 172, 1839. — *Descript. géol. du départ. de l'Aisne*, p. 73, 1843. — *Hist. des progrès de la géologie*, vol. II, p. 447, 1849.

TERRAIN SECONDAIRE.

FORMATION CRÉTACÉE.

Les dépôts secondaires ne se montrent que dans les parties orientale et méridionale de notre Carte ; ils manquent complétement au centre, au nord et à l'ouest. Ils n'ont jamais existé au nord du massif de Monthoumet, ni à l'ouest de la chaîne de Fontfroide et des collines de Boutenac, puisque les affleurements du terrain de transition au Mont Alaric et à Pellat, sont immédiatement recouverts par le groupe d'Alet, et que, sur les pentes de la Montagne-Noire, les couches tertiaires inférieures reposent sur les roches cristallines.

En 1822, de Charpentier comprenait, sous le nom de *terrain du calcaire alpin et du calcaire du Jura*, toute la région des Corbières proprement dites, avec le massif de transition de Monthoumet, et, sous celui de *terrain de transition*, les chaînes secondaires de Saint-Antoine et de Lesquerde, avec la vallée qu'elles comprennent, depuis Estagel jusqu'à Bellesta.

C'est à Dufrénoy que l'on doit l'importante rectification d'avoir en 1830 placé tout ce dernier système de couches dans la *formation crétacée inférieure*, ainsi que celui qui, des environs d'Estagel, s'étend au nord-est jusqu'à l'extrémité de la Clape. En 1841, ce savant y rapportait aussi toute la chaîne de Fontfroide, ainsi que ses appendices, et, sur la Carte géologique de la France, étendant la *teinte verte* dans les vallées de l'Orbieu et du Rabe, il regardait par conséquent comme du même âge certaines parties du groupe d'Alet et même des couches nummulitiques moyennes. Toutes les assises crétacées plus récentes situées au sud, entre le massif de transition et la chaîne de Saint-Antoine, étaient confondues sous la même teinte verte, tandis que la région des Corbières, au nord de ce même massif, comme les collines de Boutenac, au nord-est, c'est-à-dire les poudingues des plateaux, le groupe nummulitique, celui d'Alet et une portion de la craie supérieure, étaient coloriés en *jaune*, teinte consacrée à la *craie blanche et à la craie supérieure*.

En 1846, M. Leymerie apporta, dans le groupement et la distribution des roches tertiaires inférieures et crétacées, des modifications importantes qui n'ont pas été assez appréciées, ou que peut-être l'auteur n'a pas fait assez ressortir. Il réunit sous une même teinte, ainsi que nous l'avons dit, les groupes nummulitique et d'Alet, puis, sous une autre, toutes les couches crétacées, c'est-à-dire qu'il établit la coupe générale la plus rationnelle qu'on pût faire alors, et les limites de ces deux divisions furent tracées avec une remarquable exactitude.

Nous avons fait connaître, en 1854, la série des couches crétacées des environs des Bains-de-Rennes, et montré quelle était la répartition des diverses faunes, depuis les bancs à *Exogyra columba*, qui reposent sur le terrain de transition jusqu'aux marnes bleues supérieures que recouvre le grès tertiaire d'Alet. En 1855, nous avons désigné cette série, qui constitue les montagnes depuis les Bains jusqu'à Soulatge et au delà, ainsi que le flanc occidental de la chaîne de Fontfroide et les collines de Boutenac, sous le nom de *formation crétacée supérieure*, tandis que nous comprenions sous celle de *formation crétacée inférieure*, tout le reste des couches de la même période, situées dans les parties orientale et méridionale de notre Carte.

Nous continuerons à faire usage de ces dénominations, non-seulement parce qu'elles sont commodes, mais encore parce qu'elles sont l'expression la plus exacte des faits. Rien n'est plus tranché que les caractères stratigraphiques, pétrographiques et paléontologiques de ces deux divisions, et leurs différences sont telles que si l'on ne considérait que cette région, on pourrait les regarder comme les types de deux terrains séparés par un laps de temps énorme. Leur discordance constante est en effet beaucoup plus prononcée que celle qu'on pourrait observer entre les assises crétacées supérieures et le grès de Carcassonne. Nous allons les décrire successivement.

Formation crétacée supérieure.

On vient de voir que les couches rapportées à cette première division occupaient deux régions distinctes fort éloignées l'une de l'autre : celle du nord-est, comprenant le versant occidental de la chaîne de Fontfroide, les collines de Boutenac, de Gasparet, etc.; celle du sud, le massif des montagnes des Bains-de-Rennes, de Sougraigne et de Soulatge. Les différences qu'on remarque entre ces deux régions sont presque aussi prononcées que celles qui séparent les séries crétacées supérieure et inférieure, mais cette circonstance s'accorde avec la difficulté de retrouver aujourd'hui les points par lesquels pouvaient communiquer les eaux où leurs dépôts se sont formés. Nous commencerons par la région du sud comme étant la plus complète; nous y avons établi les quatre étages suivants :

1. Marnes bleues supérieures.
2. Grès, marnes et premier niveau de rudistes.
3. { Couches à échinides.
   { Second niveau de rudistes, etc.
4. Calcaires à *Exogyra columba, Orbitolites concava*, etc., et grès.

Considérés dans leur ensemble, ils constituent une zone allongée de l'E. à l'O., des environs de Montgaillard et de Roufiac jusqu'à la rive gauche de la Sals, en face du village de Cassaigne, sur une longueur de 5 lieues et une largeur de 2 au plus. Les couches plongent généralement au S. ou au S.-S.-O., sous un angle d'autant plus grand qu'elles sont plus anciennes et plus voisines du terrain de transition contre lequel elles s'appuient. Elles disparaissent à l'ouest sous le groupe tertiaire d'Alet ; au sud et à l'est, elles viennent butter contre les couches redressées de la formation inférieure, courant aussi généralement E.,O.

Sur la limite nord de la zone, à la métairie de Lauzadel, à quelques centaines de mètres des schistes de transition, ces couches crétacées atteignent 641 mètres d'altitude, et 760 aux environs de Fourtou, tandis qu'au sud, non loin de leur contact avec la formation inférieure, elles ne sont qu'à 309 mètres (Roufiac), 416 (Soulatge) et 465 (Bugarach). Les marnes bleues, à la jonction de la Sals et du ruisseau de Sougraine, sont à 319 mètres.

Premier étage. — Les marnes bleues supérieures que nous avons décrites (1) remontent à partir de ce dernier point dans la vallée de Sougraigne, et occupent tous ses talus inférieurs où elles ont été dérangées par plusieurs failles. Elles forment aussi la partie supérieure de l'escarpement au nord-ouest du village, portent ce dernier, et se prolongent jusqu'aux Clamens, presque toujours recouvertes par les grès d'Alet. Si l'on remonte la Sals jusqu'à la Ferrière, on reconnaît que cet étage a participé au soulèvement en voûte qui s'est produit en cet endroit. Il plonge fortement au N. vers la métairie de la Hille, et au delà du Moulin, sur le versant opposé, il incline en sens inverse. Nous renvoyons le lecteur au mémoire précité pour les caractères de la faune de cette première division de la craie.

Deuxième étage. — De nouvelles observations nous ont fait apporter quelques changements dans la manière de composer cet étage ainsi que le suivant. Dans la coupe des bords de la Sals, au sud du village des Bains, viennent, sous les marnes bleues précédentes, des bancs minces de grès, de marnes et de psammites alternant, d'une épaisseur totale de 16 à 18 mètres, et plongeant au S. avec une inclinaison exceptionnelle de 45 degrés, puis une assise de calcaires, de grès calcarifères et de marnes grises de 10 à 12 mètres, le tout sans fossiles ou à peu près. A l'est de ce point, dans le ravin de la Borde-Nove, à gauche du chemin de Sougraigne, ces

---

(1) *Bull. Soc. géol. de France*, 2ᵉ sér., vol. XI, p. 185, pl. 1, 1854.

deux petites séries de couches occupent la même position par rapport aux marnes bleues, et reposent aussi, comme au-dessus des Bains, sur les couches à échinides de l'étage suivant. Au delà elles cessent de se montrer, et celles que nous allons placer au même niveau sont entièrement différentes. Ces dernières sont aussi riches en fossiles que les premières étaient pauvres, et le passage des unes et des autres dans le sens horizontal reste encore à déterminer.

Si à partir des Bains-de-Rennes on se dirige à l'E., en traversant le plateau accidenté que forment exclusivement les couches à échinides plongeant au S.-O., on atteint, à environ 3 kilomètres, une montagne qui se profile assez nettement comme un massif isolé de trois côtés, et incliné au S.-O. sous un angle de 25 degrés. Elle est connue dans le pays sous le nom de *Montagne des Cornes*, à cause de l'immense quantité d'Hippurites et de Radiolites dont ses couches supérieures sont presque entièrement composées, et qui lui ont valu une certaine célébrité. Visitée depuis Picot-Lapeyrouse jusqu'à ces derniers temps par tous les naturalistes qui ont parcouru les Corbières, nous ne sachions pas qu'aucun d'eux ait fait connaître ses rapports stratigraphiques ; mais il y a plus, c'est que plusieurs paléontologistes ont raisonné théoriquement sur les fossiles qu'on y trouve, sans se préoccuper le moins du monde de la place que ses couches occupent dans la série crétacée du pays. Cette détermination à la vérité ne pouvait pas être faite directement, du moins en partie, parce que la grande assise à rudistes, qui forme le plan supérieur incliné de la montagne, n'est pas recouverte, et que des failles semblent l'isoler de trois côtés.

On peut reconnaître cependant au premier abord que la plus grande portion de sa masse est supérieure à l'étage des échinides qui constitue le plateau à l'ouest, de même que les talus qui s'abaissent au S. vers la Borde-Nove. La première assise que l'on rencontre en gravissant la montagne du côté de l'ouest, par le sentier qui vient des Bains, est un calcaire marneux, gris jaunâtre, tendre, friable, caractérisé par de nombreux fossiles et surtout par des polypiers bien conservés (*Trochosmilia patula*, *Placosmilia arcuata*, *Pachygyra labyrinthica*, *Cyclolites hemisphærica*, *Astræa Delcrosiana ?*, *formosissima*, *ramosa*, *octolamellosa*, *decaphylla*, *Meandrina radiata*, *Pyrina atacica*, baguettes de *Cidaris*, *Nucula* voisine de la *N. Renauxiana*, valves isolées et parfaitement conservées d'*Hippurites bioculata*, *Delphinula*, nov. sp., etc.).

En continuant à s'avancer obliquement sur le versant sud, on atteint un ravin assez profond, dirigé au S.-E., et ouvert dans des marnes sableuses, grises, renfermant des bancs de grès subordonnés et recouverts, à l'origine du ravin, au-dessous du sentier, par un calcaire gris de cendre, très dur, avec grains de quartz, et de petits cailloux blanc-laiteux de cette substance. Sur cette roche vient un calcaire brunâtre, taché de jaune, rempli de *Bulimina*, de *Globigerina* et d'autres petits rhizopodes, puis la série des calcaires à rudistes, grisâtres, plus ou moins durs, plus ou moins compactes ou grossiers, fragiles, d'une épaisseur totale de 15 à 18 mètres, constituant le plan incliné de la montagne, et présentant leur tranche au N., au N.-E. et au N.-O. Outre la plupart des polypiers précédents, on y trouve, mais moins bien conservés, les *Cyclolites elliptica* et *rugosa*, *Rhipidogyra Martiniana*, *Synastræa corbarica*, *Meandrina pyrenaica*, *ataciana*, *Actinocœnia compressa*, les *Hippurites cornu-vaccinum*, *organisans*, *bioculata*, *dilatata*, *sulcata*, la *Sphærulites angeiodes* (*Radiolites*, id., *rotularis* et *ventricosa*, Lam.), *Caprinula Boissyi*, *Pecten quadricostatus*, *Exogyra conica*, *Natica Matheroniana*, etc.

De la disposition particulière que nous venons d'indiquer, il semble donc résulter que cette grande assise de rudistes occupe ici la partie supérieure du second étage, et qu'elle doit être regardée comme étant placée entre les marnes bleues et les couches à échinides. Sa position actuelle peut être attribuée à deux failles : l'une au sud-ouest vers le pied de la montagne, puisque les couches à échinides et toute la série au-dessus se retrouvent lorsqu'on descend à la Borde-Nove, et l'autre au sud-est, marquée par l'excavation profonde qui sépare la Montagne des Cornes de celle du Clouet. Il faut supposer, en outre, qu'à cause de leur nature même les marnes bleues qui devaient recouvrir l'assise des rudistes auront été complétement dénudées après le soulèvement, ou bien que cette dernière, élevée par un mouvement local au-dessus du niveau des eaux, n'a jamais été recouverte en cet endroit par les marnes, comme cela a eu lieu sur son prolongement à l'est, dans la colline de Sougraigne. En effet, dans la coupe de cette dernière localité, on trouve, sous l'escarpement supérieur des marnes bleues, un calcaire gris, noduleux, très dur, ayant tous les caractères de celui de la montagne des Cornes et renfermant les mêmes rudistes ; seulement il est ici réduit à 2 mètres d'épaisseur, et la couche sous-jacente de marne grise, remplie des polypiers, que nous avons signalée dans la même position, n'a que 1 mètre.

Plus à l'est, à la métairie de Linas, on trouve encore, au-dessus du troisième étage, un rudiment de celui-ci, remarquable par la grande quantité de polypiers qu'il renferme et qui devaient constituer en cet endroit un véritable récif (*Astræa lamellosissima*, *striata*, *aga-*

ricites et 5 ou 6 autres espèces, *Dendrophyllia brevicaulis, Phyllo-
cœnia,* nov. sp., etc.). Un peu au delà on atteint l'assise des rudistes
plongeant au S., mais toujours peu épaisse.

Ainsi les deux premiers étages, si parfaitement distincts et caractérisés par leurs roches, leurs fossiles et leur épaisseur dans la
petite région des Bains-de-Rennes, sur les bords de la Sals et du
ruisseau de Sougraigne, n'ont en réalité qu'un très faible développement horizontal, et l'abondance des polypiers, particulièrement des
Astrées et des Méandrines, marque la base du second comme l'accu-
mulation des rudistes sa partie supérieure.

Troisième étage. — Le troisième étage, tel que nous le considérons
aujourd'hui, est plus épais, plus complexe et s'éten i beaucoup plus
loin que les précédents. Nous y réunissons des couches assez différentes au premier abord, lorsqu'on les considère isolément, mais qui
n'occupent pas dans l'ensemble une place assez constante et ne présentent pas une association de fossiles assez bien caractérisés pour
qu'elles constituent des horizons géologiques distincts. Il comprend
les assises 8 à 13 de la coupe de la vallée de la Sals, les n° 14 et 15
de celle que nous avons donnée en 1854, devant être supprimés.
Nous établirons actuellement dans cette série *deux sous-étages* mo-
tivés sur la constance des caractères pétrographiques, celle de certains fossiles et surtout des échinides dans la partie supérieure, puis
au contraire par la variété des roches et la répartition généralement
moins constante des corps organisés dans l'inférieure.

Sous-étage supérieur. — La roche dominante du premier sous-
étage, qui dans la vallée des Bains succède régulièrement aux marnes
grises et aux calcaires gris marneux, est grisâtre, jaunâtre ou brunâtre, peu solide, plus ou moins tendre, composée d'argile, de sable
siliceux, de calcaire et de mica blanc. Elle passe suivant la prédominance de l'un ou de l'autre de ces éléments, au grès, au psammite,
au calcaire ou à la marne, tout en conservant néanmoins un certain
aspect général qui la fait reconnaître de suite. La cassure est toujours
terreuse ; sa structure, souvent schistoïde, est quelquefois noduleuse.

Ces roches constituent d'abord le petit plateau auquel est adossé,
à l'ouest ou sur la rive gauche de la Sals, une partie du village des
Bains, et qui se prolonge au nord-ouest jusqu'au bord de la rivière en
face de Cassaignes. Elles forment également tout le plateau ondulé à
l'est des Bains, sur la rive opposée, entre le village et Montferran au
nord-est, le pied de la Montagne-des-Cornes à l'est, et au sud-est les
buttes qui en descendent vers la Borde-Nove. Dans celles-ci abon-
dent particulièrement les fossiles les plus caractéristiques de cet
horizon (*Micraster Matheroni, brevis* (id. var. *gibbus*), *cortestudina-*

rium, Echinocorys vulgaris, Holaster integer, Spondylus spinosus, Cyprina Boissyi, Pecten quadricostatus, Terebratula difformis, Natica, voisine de la *N. bulimoides*).

La coupe que nous donnons des environs de Sougraigne, dans ses assises 4 à 12, représente, à ce qu'il semble, tout l'étage mais avec une variété de roches et de fossiles que nous ne retrouvons nulle part, et cette autre particularité que les échinides, si constants ailleurs, y manquent presque complétement. Les polypiers, les gastéropodes, les acéphales y sont répandus à profusion dans certains bancs. Les espèces suivantes sont les plus fréquentes dans l'assise n° 4, qui succède immédiatement aux marnes à polypiers et aux calcaires à rudistes précédents : *Cyclolites hemisphærica, Placosmilia rudis* (*P. Parkinsoni*), *arcuata, Trochosmilia complanata,* des Astrées, des Méandrines, des spongiaires, des Natices, mais très peu d'acéphales. Les fossiles de l'assise n° 8 sont plus variés, mais présentent un certain nombre d'espèces communes avec les marnes bleues supérieures.

Au sud de la chaîne qui sépare Sougraigne de Bugarach, ce sous-étage occupe toute la vallée, à partir du versant méridional de la voûte de la Ferrière, depuis la Vialasse jusqu'au village de Bugarach, qui est bâti dessus ; mais il est caractérisé de nouveau par l'abondance des échinides, quelques Ammonites et le *Spondylus spinosus.* Il en est de même de ce point jusqu'à la métairie de Linas, où l'assise à polypiers le surmonte comme à la Montagne-des-Cornes.

Au-delà de la ligne de partage des eaux de l'Aude et de l'Agly, dans la plaine de Soulatge et à Rouffiac, les assises à échinides sont toujours très développées et plongent fortement au S. Aux environs de Padern , à en juger d'après les fossiles que nous devons à M. Noguès, les mêmes couches doivent se poursuivre jusque près des pentes inférieures du Mont-Tauch.

Sous-étage inférieur. — Les assises de ce second sous-étage sont plus variées que celles du précédent ; elles comprennent les n° 9 à 13 de notre ancienne coupe, comme le montrent les fig. 3 et 4 prises de chaque côté de la Sals à la sortie des Bains. Ces assises constituent les bords et le lit de la rivière jusqu'au-delà de l'établissement des *Bains-doux,* et se prolongent au nord-ouest comme les précédentes.

Lorsqu'on se dirige vers Montferran, elles sortent de dessous les couches à échinides en montant au village, où elles constituent des calcaires durs, schistoïdes, gris ou gris jaunâtre. Les grès jaunes qui portent les maisons, font partie du quatrième étage. Au delà, sur le chemin de Crousil, un calcaire brun jaunâtre, très dur, à surface noduleuse et un calcaire gris de cendre subcompacte, sont remplis de *Bulimina* et de *Guttulina*. Si l'on continue à suivre vers l'est la limite des couches crétacées et du terrain de transition, on voit les métairies de la Bernousse, de Lausadel, des Peyramus et du Fort qui couronnent des promontoires avancés vers le N., et composés de calcaires gris plongeant régulièrement au S. Ces calcaires sont séparés des schistes paléozoïques par des sables et des grès du quatrième étage. Autour des Clamens et des Clausses, les calcaires gris, noduleux, plongent presque circulairement vers le fond de la vallée, surmontés de calcaires bruns, noduleux, recouverts à leur tour par les couches à échinides, auxquels succèdent les marnes bleues supérieures de Sougraigne, et enfin les grès tertiaires d'Alet derrière ce village.

Sur le chemin des Bains-de-Rennes à Bugarach, entre la Vialasse et la métairie de Laferrière, la Sals coule au fond d'une gorge étroite dont les parois coupées à pic présentent une voûte parfaitement régulière, de 150 à 160 mètres de rayon, composée de couches concentriques du troisième étage que le soulèvement a fait surgir au milieu des grès tertiaires et des marnes bleues. Vers le milieu de la voûte, le sentier de la rive droite est tracé sur un banc exclusivement formé d'*Hippurites organisans* placées verticalement, les unes contre les autres, comme à la Montagne-des-Cornes, mais appartenant ici au second niveau de rudistes. Le soulèvement dirigé, E.-N.-E., O.-S.-O., se rattache à la voûte du grand escarpement de Sougraigne dont il marque l'extrémité occidentale. Le phénomène s'est ici manifesté d'une manière plus régulière, mais sur une moindre échelle. En face de Sougraigne il est plus difficile à comprendre, et présente une certaine analogie avec ce que l'on voit sur le versant nord du Mont-Alaric, car les marnes bleues plongent vers les calcaires redressés presque verticalement. Comme le premier, ce second sous-étage se continue à l'est de Bugarach.

Quatrième étage. Nous réunissons dans cette division toutes les assises qui, commençant un peu au dessous des *Bains-doux*, dans la coupe de la vallée de la Sals, se développent jusqu'au contact du terrain de transition, où elles sont caractérisées par l'*Exogyra columba*, le *Pecten quinque-costatus*, l'*Exogyra flabellata*, l'*Ostrea carinata*, une Caprine, des Alvéolines, etc. Nous y rapportons les grès et les sables ferrugineux qui s'observent constamment à la limite du terrain de transition, depuis Montferran jusqu'à Fourtou, et nous regardons comme en faisant essentiellement partie la couche qui, au *pass de Capela*, sur le sentier de Linas, aux sources salées, couronne le grand escarpement calcaire du Roc de Balesou. La roche grisâtre est composée d'*Orbitolites concava* et *conica* mélangées d'un peu de sable marneux. La présence de ces divers fossiles à la base de la formation crétacée supérieure de ce pays, nous permet d'y voir un représentant du quatrième étage du sud-ouest de la France.

Région crétacée supérieure du nord-est. Cette division géographique qui occupe une partie du petit bassin de l'Ausson, diffère de celle du sud par tous ses caractères. Les roches arénacées y règnent presque exclusivement ; les bancs calcaires ou marneux n'y sont que des accidents locaux, et les rapports stratigraphiques des uns et des autres, avec les dépôts tertiaires, avec les roches crétacées inférieures et même avec celles du lias nous laissent encore quelque incertitude. Dans les collines du versant occidental de la chaîne de Fontfroide, nous y avons trouvé d'assez nombreux fossiles, tandis que dans celles de Boutenac, sur la rive gauche d l'Ausson, les roches exclusivement arénacées ne nous en ont point offert. Cette région est limitée au nord et à l'est par des couches plus anciennes crétacées ou jurassiques, et à l'ouest par des dépôts tertiaires, sous lesquels nous avons dit que les strates qui la composent ne pouvaient s'étendre qu'à une faible distance.

Entre Saint-Martin et Saint-Pierre, à gauche de la route de Narbonne à la Grasse, on voit un système de couches d'environ 500 mètres d'épaisseur, composé de grès bruns ferrugineux, de poudingues rouges, de psammites gris et rouges, et de calcaires gris ou blanchâtres remplis de Sphérulites, d'Hippurites et de Radiolites. Ce système plonge d'abord de 80° et insensiblement de 30 à 35° à l'E., en s'appuyant contre les calcaires néocomiens. La répétition des calcaires à rudistes qui alternent jusqu'à neuf fois avec les grès ou psammites, dans le vallon même de Fontfroide, le long du ruisseau, en face de l'abbaye, est un exemple remarquable de la récurrence et de la persistance de certains types organiques sur le même point pendant un long espace de temps. Cette série constitue aussi la colline du vieux château de Saint-Martin où, sous les couches à rudistes, un psammite gris brun est pétri de fossiles (*Cerithium Lujani, Pecten Dujardini, Cardium, Lima* voisine de la **L. Reichenbachi,** *Arcopagia,* Modiole, Trigonie, Huîtres, etc).

A l'ouest de la grande route, une série de buttes côniques qui s'étendent depuis La Grange et le Jardin de Saint-Julien vers Quilhanet et Bizanet, et dont les couches plongent à l'O., sont les *témoins* du grand développement du système arénacé qui vient se rattacher à la base de la colline de Saint-Martin et de celles du vallon de Fontfroide. Boutenac est situé au milieu de coteaux exclusivement composés de psammites gris, brunâtres, rougeâtres ou jaunâtres. Sous le village affleurent des marnes lie de vin, panachées de gris et de jaune, et vers l'O. succèdent de nouveau les psammites gris ou très ferrugineux plongeant à l'E.-S.-E. Ceux-ci reposent, à moitié chemin de Villerouge, sur des calcaires gris bleuâtre, compactes, à Pentacrines, des calcaires magnésiens terreux et une dolomie grise nacrée, cristalline, également secondaire.

Toutes les couches crétacées qui constituent cette région du nord-est nous paraissent représenter les étages 2 et 3 de la région du sud ou des montagnes des Bains-de-Rennes à Soulatge, car nous n'y trouvons aucun fossile qui rappelle la faune des marnes bleues ni celle du quatrième étage, tandis que les rudistes sont ceux qui appartiennent aux deux divisions intermédiaires.

Les altitudes de ces grandes assises arénacées, toujours plus ou moins inclinées à l'E. ou au N.-O., sont d'ailleurs assez faibles. Ainsi la butte du château de Saint-Martin, qui en donne une coupe assez complète, n'atteint que 159 mètres. Son élévation au-dessus de la Vitarelle, sur la route qui passe au bas, est de 93 mètres. Le point le plus élevé des collines de Boutenac, au-dessus des Olieux est à 194 mètres.

Formation crétacée inférieure.

Les couches qui appartiennent à la formation crétacée inférieure de ce pays occupent presqu'à elles seules les portions orientale et méridionale de notre Carte, constituant d'abord plus des deux tiers du massif de la Clape, puis quelques parties de la chaîne de Fontfroide, celles de Montpezat, de Perillous, le plan d'Opouls et de Fitou comme le rameau de Tautavel. Elles forment au sud la chaîne de Saint-Antoine-de-Galamus avec toutes ses ramifications, celle de Lesquerde et d'Ayguebonne avec ses prolongements à l'ouest autour de Quillan, d'Axat, de Bellesta, etc. Nous avons rangé ces couches dans deux étages représentés chacun par une teinte particulière.

Nous avions d'abord rapporté le premier aux calcaires à Caprotines de la Provence, et le second à l'étage néocomien inférieur du même pays, mais si ces rapprochements nous laissent encore quelque incertitude à cause des fossiles, sujet que nous aurons occasion de traiter avec toute l'attention qu'il mérite, la séparation de ces deux étages, dans le pays que nous décrivons, et bien au delà, dans les départements de l'Ariége et de la Haute-Garonne, est on ne peut mieux justifiée.

La constance des caractères pétrographiques propres à chacun d'eux est un des faits les plus frappants de la géologie de cette contrée. Cette circonstance, jointe à leur discordance complète avec les assises crétacées supérieures, à leurs formes orographiques et à l'aspect qu'elles impriment aux paysages de ces montagnes, enfin à leur développement progressif à mesure qu'on s'avance de l'E. à l'O., donne à leur étude un intérêt tout particulier. Nous désignerons l'un sous le nom de *calcaires compactes* ou *calcaires à Caprotines* (1), l'autre sous celui de *marnes et calcaires néocomiens*. Nous les décrirons simultanément en nous dirigeant de l'E. à l'O., et en commençant par le massif de la Clape.

Massif de la Clape. — Excepté sur son versant occidental, à partir d'une ligne tirée de la Ricardelle à Fleury, le massif montagneux de la Clape est exclusivement formé par ces deux étages. Les parties les plus élevées appartiennent aux calcaires compactes ou à Caprotines, les pentes et le fond des vallées aux assises de l'étage inférieur. Les premiers constituent une sorte de revêtement, de 18 à 20 mètres d'épaisseur, fendillé, coupé carrément, ou terminant la partie supérieure des vallées par des murailles verticales, quelquefois surplombantes. Ils ne forment ainsi qu'une vaste assise homogène de calcaire gris, plus ou moins foncé, d'un aspect très uniforme, et plongeant généralement à l'O.-N.-O.

L'étage inférieur présente trois assises ordinairement assez distinctes. L'une, qui succède immédiatement au précédent, comprend des calcaires très marneux, jaunes, peu solides, dont l'épaisseur ne dépasse pas 5 à 6 mètres (île de Saint-Martin, cimetière de Gruissan, col du Capitoul, Albigarou au sud, et Saint-Pierre-de-mer au nord. Il renferme particulièrement : *Salenia prestensis*, *Echinospatagus Leymerianus*, *E.* voisin du *cordiformis*, *Panopæa Prevosti*, *Corbis cordiformis*, *Terebratula sella*, var. *lata*, *Pliculata placunæa*. L'autre, d'environ 50 mètres, est composée de calcaires gris, schistoïdes ou se délitant en plaquettes, assez durs, remplis d'*Orbitolina conoidea*. Enfin l'assise inférieure, d'une puissance à peu près égale, est formée de marnes grises, schistoïdes, avec de nombreux lits subordonnés de nodules endurcis, d'un calcaire marneux très tenace, gris, plus ou moins foncé. Ces trois assises sont parfaitement concordantes entre elles et avec les calcaires compactes ou à Caprotines qui les surmontent. Par suite de l'inclinaison générale à l'O., elles forment à elles seules les collines qui longent la côte au nord de Gruissan (Eldepal, Quaintaine, Saint-Aubrès, etc.). Les fossiles les plus répandus dans l'assise inférieure sont : *Orbitolina conoidea*, *Echinospatagus Collegni*, de formes et de dimensions très variées, *Diplopodia Malbosii*, *Pholadomya elongata*, *Panopæa rostrata*, *P. Car-*

---

(1) Nous conservons ce nom générique jusqu'à ce que les caractères des coquilles qu'il comprend, ayant été complétement étudiés, les vrais rapports de ces dernières aient pu être définitivement établis.

teroni, Corbis cordiformis, Cardium Cottaldinum, Pecten Leymerici, P. interstriatus, Trigonia carinata, Terebratula sella, T. biplicata, var. *acuta (T. prælonga), T. Moutoniana, Plicatula placunæa, Nautilus Requinianus.* Les céphalopodes sont rares dans ces couches, mais outre l'abondance des radiaires échinides, on remarquera que les acéphales et les gastéropodes y atteignent des dimensions tout à fait exceptionnelles, entre autres l'*Exogyra sinuata* qui en est le fossile le plus caractéristique.

Les deux étages néocomiens conservent une identité parfaite dans leurs caractères sur tous les points de la Clape et des îles qui en dépendent ; mais, par suite de la différence des roches qui les composent et selon la région où on les observe, ils n'ont pas été partout affectés de la même manière par des dislocations ; ainsi la partie nord du massif a été beaucoup moins dérangée que la partie sud.

Les relations des dépôts tertiaires des portions ouest et nord ouest montrent qu'ils ont été soulevés en même temps et par la même cause que les roches secondaires. Les failles principales, dirigées N.-N.-E., S.-S.-O., et d'autres moins étendues, sont postérieures à ces mêmes dépôts qui, nulle part en effet, n'ont pénétré dans les vallées qu'elles ont produites. Le bombement général du massif peut être contemporain de ces failles, et ces divers phénomènes sont ainsi postérieurs aux poudingues, aux marnes et aux calcaires de la mollasse redressés partout, et plongeant sous les dépôts quaternaires de la plaine de Narbonne.

La crête centrale de la Clape, dirigée N.-N.-E., S.-S.-O., et formée par les calcaires compactes, atteint sa plus grande altitude vers le milieu de l'axe, au Signal de la Pomarède (210 mètres) et à celui de Pech-Redon (215) ; elle s'abaisse ensuite au N. E. et au S.-O. Ainsi le plateau de la Chapelle-des-Auzils est à 147 mètres seulement. Dans les collines de Gruissan et de l'île Saint-Martin, où l'inclinaison générale est inverse ou à l'E., les mêmes calcaires passent sous la mer, tandis qu'au nord ce sont les assises les plus basses du second étage qui bordent la côte.

Chaînes orientales. — Cette inclinaison sud-est des couches à partir des îles de Gruissan n'est pas un fait isolé, mais bien le commencement d'une disposition très générale qui, sur le prolongement de l'axe de la Clape, se continue au S.-O. jusqu'à l'extrémité méridionale de la crête de Tautavel. C'est par suite du pendage de tout le système au S.-E. ou vers la mer et de son relèvement au N.-O., qu'on voit sortir dans cette dernière direction, de dessous les couches crétacées, les calcaires, les grès et les dolomies du lias, depuis les environs de Gléon et de Villesèque jusqu'à Donneuve et le château d'Aguilar près Tuchan.

Ainsi les calcaires compactes ou à Caprotines constituent le plateau de Montpezat qui, au-dessus de la métairie de Coumelonvière, atteint 417 mètres d'altitude, celui de Courtalneuf que traverse la route de Narbonne à Perpignan ; ils couronnent au nord le cirque de Feuilla où ils s'élèvent à 529 mètres, et renferment deux assises de dolomies noires, cristallines et très fétides. Ils forment la crête transverse de Perillous, élevée de 708 mètres à son extrémité orientale, tout le nœud de montagnes du col de Ladat, d'où descendent, en s'abaissant au S.-O. et au S., les deux crêtes dentelées qui comprennent la vallée de Vingrau et de Tautavel, celle de l'ouest ne dépassant guère 260 mètres, tandis que celle de l'est conserve encore 495 mètres à son extrémité sud, au pied même de la tour de Tautavel.

Le plan d'Opouls et de Fitou, incliné vers la mer et la plaine de Rivesaltes, a éprouvé, à partir de ces crêtes, de nombreuses brisures qui ont fait affleurer l'étage inférieur au-dessus du château de Montpezat, autour de Roquefort, dans la partie nord du cirque de Feuilla, autour de Treilhes, des métairies de Saint-Thoin et de Gipières, dans la plaine d'Opouls, autour du château de Castel-Vieil, etc. Il affecte ici des teintes rougeâtres particulières, tandis que la faille qui a relevé le rocher du château d'Opouls a fait affleurer sur son pourtour les couches fossilifères de la Clape. Le noyau de la presqu'île de Leucate appartient aux calcaires compactes, souvent à l'état de dolomie noire, cristalline et fétide.

Chaînes méridionales. — Dans les vallées du Verdouble, de la Mauri, de l'Agly et de la Boulsanne, comme dans le bassin de Quillan et dans tous les affleurements situés au nord de la chaîne de Saint-Antoine-de-Galamus, l'étage inférieur se compose de schistes et de calcaires impurs, brunâtres ou noirâtres, dont l'aspect rappelle celui de roches fort anciennes, puis de grès subordonnés, bruns ou noirâtres. Il forme les premières collines basses à partir de Peyrestortes, au sud de Rivesaltes, et bientôt est recouvert, dans le chaînon de Notre-Dame-des-Pennes, par les calcaires gris foncé de l'étage supérieur qui s'abaissent vers Estagel. Près de cette ville, ceux-ci sont blancs, saccharoïdes, légèrement teintés de rose, avec des brèches de même couleur, et des calcaires gris bleuâtre, aussi cristallins. Les uns et les autres, employés comme marbre, plongent au S.-E. de 18 à 20 degrés.

L'uniformité des caractères et la grande épaisseur de ces deux étages se maintiennent dans tous les accidents orographiques qu'on observe entre ce point et les montagnes de Quillan. La vallée de la Mauri (121 mètres), la ligne de partage qui la sépare de l'Agly (267 mètres), la vallée de Saint-Paul, la belle plaine ondulée de Caudiès (328 mètres), si heureusement encadrée par les crêtes calcaires, dentelées de Saint-Antoine (900 à 1015 mètres) et d'Ayguebonne (530 à 703 mètres) accusent partout la présence de l'étage inférieur par la teinte noire du sol dépourvu de dépôts quaternaires, par les affleurements des schistes foncés et des calcaires subordonnés, comme par les formes toujours mollement arrondies des coteaux.

Au sud de la chaîne de Lesquerde, les couches crétacées reposent sur le granite ou sur le terrain de transition. Au nord, les rides parallèles de Saint-Antoine sont encore formées de calcaires à Caprotines qui deviennent dolomitiques dans le massif imposant du pic de Bugarach (1231 mètres) comme sur d'autres points, et sont séparées par les pentes adoucies des roches noires de l'étage inférieur. La plus septentrionale de ces rides domine le vallon des sources salées de Sougraigne qui s'échappent de la base des marnes où se trouve subordonné du gypse blanc, rouge et gris verdâtre, accompagné d'argiles de teintes également variées, et probablement aussi de sel. M. Vène a donné en 1834 des détails intéressants sur cette localité, et l'on retrouve facilement les couches indiquées dans sa coupe, mais leurs rapports stratigraphiques diffèrent un peu de ceux que nous avons observés.

Ce que nous avons dit ailleurs de l'orographie des environs de Quillan, suffit pour en faire comprendre actuellement la composition géologique. Fermé au sud-ouest et au nord par des montagnes de calcaires compactes, qui atteignent 1145, 1286 et 1294 mètres dans la première direction, et 680 seulement dans la seconde, tout l'intérieur du bassin et son côté oriental, même le roc de Bitrague, appartiennent exclusivement à l'étage néocomien, caractérisé toujours par l'*Exogyra sinuata*. Au sud des gorges de Pierre-Lis jusqu'à Axat, et même au delà, ce sont des alternances des deux étages dont les couches, coupées à angle droit par la vallée de l'Aude, constituent le sol si accidenté de ce pays.

Dans toute cette longue suite de rides calcaires parallèles, allongées de l'E. à l'O. comme d'immenses murailles en partie démantelées, séparées par des dépressions à fond plus ou moins ondulé, depuis les environs d'Estagel jusqu'à Bellesta, Foix et au delà, le pendage est généralement au S. ou vers la chaîne des Pyrénées, sous des angles variant de 50° à 90°. Dans l'étage inférieur, qui seul occupe les dépressions, on observe des plissements assez fréquents et des plongements en sens inverse.

Résumé. — Les deux étages crétacés inférieurs, étudiés de l'extrémité septentrionale de la Clape aux montagnes de Quillan et de Bellesta, sur un développement d'environ 35 lieues, sont donc restés toujours parfaitement distincts l'un de l'autre, comme aussi des étages supérieurs. Mais leur puissance et leurs caractères minéralogiques éprouvent des modifications notables lorsqu'on s'avance du N.-E. au S.-O., puis à l'O. D'une épaisseur totale d'à peine 200 mètres dans la Clape, ils en atteignent près de 2000 autour de Quillan, et cette épaisseur augmente dans le même rapport pour les deux étages. A peine inclinés et légèrement soulevés dans le premier massif, ils sont redressés jusqu'à la verticale dans le second, où des pics s'élèvent à 1294 mètres d'altitude, là où l'étage inférieur affecte presque toujours l'aspect de roches fort anciennes. Dans la Clape l'inclinaison générale est au N.-O.; à partir des îles de Gruissan elle passe au S.-E. jusqu'à Tautavel, puis, d'Estagel à Bellesta, elle est généralement au S.

Il résulte de cette disposition que ces étages inférieurs ont été amenés dans leur position actuelle avant le dépôt des couches crétacées supérieures des montagnes des Bains-de-Rennes à Soulatge. Ceux-ci ont été soulevés avec le massif de transition, dans la même direction et avec une inclinaison également au S., mais infiniment moins prononcée que celle des précédents, aussi aucun dépôt crétacé récent ni tertiaire ne s'observe-t-il au sud de la chaîne de Saint-Antoine, et la vallée qui s'étend d'Estagel au pied du col de Saint-Louis, comme celles de la Boulsanne et de Quillan, a dû être émergée pendant la seconde période crétacée et pendant toute l'époque tertiaire. Enfin la vallée de Caudiès n'a pas même reçu de dépôt quaternaire.

FORMATION JURASSIQUE.

Nous avons dit (1) que les seuls représentants certains que nous connaissions de la formation jurassique dans l'étendue de notre Carte, appartenaient à l'étage supérieur du lias et à quelques parties du second. Il est probable que les grandes assises de dolomie et de gypses qui règnent ordinairement au-dessous des couches fossilifères appartiennent à ce dernier. Nous avons publié déjà des détails assez étendus sur ce que nous avions observé jusqu'en 1855, il ne nous reste donc qu'à ajouter ici les principaux faits que nous avons reconnus depuis.

(1) *Soc. philomatique*, 15 juillet 1855.—L'*Institut*, 12 sept. 1855. — *Histoire des progrès de la géologie*, vol. VI, p. 524 et suiv., 1856.

La présence d'un lit caractérisé par la *Terebratula tetraedra* dans les calcaires noirs d'une carrière ouverte sur le bord de la route, avant le village de Montredon, à l'ouest de Narbonne, jointe aux fossiles que nous avons indiqués au sud-ouest de ce point, et à ceux que M. Noguès nous a signalés depuis Lastouret jusqu'à Lambert, aux métairies de Treilles, de Saint-Hippolyte, etc., sur la pente orientale de la chaîne de Fontfroide, nous a engagé à colorier, comme appartenant au lias, toutes les collines de calcaire secondaire situées au nord de la route de Lézignan, et celles que traverse la route de la Grasse jusqu'à Aussiere, s'étendant au nord-ouest vers Saint-Amand, et au sud-est jusqu'à la bande de Lastouret dont nous venons de parler.

Nous avons observé un lambeau de lias sur le chemin de Portel, à 150 mètres de la route de Narbonne, à la hauteur de la métairie de Fonloubi. Ce lambeau, de 150 mètres de large sur 250 environ de long, est complétement entouré par la mollasse et composé de marnes noires renfermant des bancs de calcaire gris, bleuâtre ou noirâtre, très dur, subcompacte. Les nombreux fossiles qu'on y trouve sont les mêmes que ceux que nous avons indiqués aux environs de Tuchan (1).

Les marnes noires et les grès ferrugineux de la vallée de la Murelle, au sud de Sigean, couches que surmontent les calcaires marneux avec fossiles néocomiens, autour de Rochefort, et à la descente de Montpezat, ne nous ayant présenté aucune trace de fossiles du lias, soit dans le fond de la vallée même, soit sur ses flancs, sur le pourtour de la butte de Saint-Martin, non plus qu'à l'extrémité nord de la dépression où elles sont coupées par la route à Fontcouverte, près de la Nouvelle, nous avons cru devoir les colorier comme faisant partie de l'étage crétacé inférieur de ce pays.

Dans la description sommaire que nous avons donnée du cirque de soulèvement de Feuilla (2), nous avons montré les assises du lias avec Bélemnites, *Ammonites bifrons*, *Pecten æquivalvis*, *Terebratula punctata*, *Gryphæa Maccullochii* (Sow. in Gold.), surmontées de toute la série crétacée inférieure, et reposant sur de puissantes assises de calcaires gris rosâtre ou jaunâtre, marneux, en partie celluleux et cloisonnés, de calcaires ferrugineux rouges, très durs, en plaquettes, de calcaires jaunes et sur un grès grossier, friable, un peu feldspa-

---

(1) *Hist. des progrès de la géologie*, vol. VI, p. 533.
(2) *Comptes rendus de l'Académie des sciences*, vol. **XLIII, p. 225,** 28 juillet 1856.

thique, plongeant, comme tout ce qui est au-dessus. de 40° au N.,
et recouvrant les schistes paléozoïques.

Ces représentants du lias occupent ensuite le fond de la vallée et
les pentes inférieures des montagnes qui environnent la métairie
d'Ortoux, en se rattachant au lias de la vallée de Saint-Jean-de-Barrou,
de Fraisse, de Durban, etc. D'après les notes que nous devons à
M. Noguès, on peut les suivre encore au sud, d'une manière continue,
jusqu'à Embrès, la Nouvelle, Donneuve et le château d'Aguilard à
l'est de Tuchan. Suivant le même observateur, on doit y rapporter
les calcaires magnésiens et les gypses de la base du Mont-Tauch du
côté de Tuchan.

Nous avons indiqué l'existence du lias à l'est et à l'ouest de Fontjoncouze, mais ces affleurements paraissent faire partie d'un massif
plus considérable, qui s'étendrait au sud et au sud-ouest, dans la
direction d'Albas. Ainsi, d'une part, nous avons été conduit à donner
au lias une surface continue beaucoup plus considérable que sur les
cartes qui ont précédé la nôtre, et de l'autre nous avons cru devoir
supprimer l'indication de petits lambeaux disséminés à de grandes
distances les uns des autres, et dont l'existence ne nous paraissait
encore nullement démontrée (1).

Les altitudes du lias sont en général très faibles, comme on pouvait
le prévoir d'après l'explication que nous avons donnée de ses principaux affleurements. La plus prononcée, si toutefois ce point en fait
réellement partie, serait le col de la Nouvelle qui est à 404 mètres ;
au sud-ouest de Fontjoncouze la cote 315 paraît être sur le lias. Les
collines de Montredon à Quilhanet ne dépassent pas 130 mètres.

TERRAIN DE TRANSITION.

FORMATION HOUILLÈRE.

Un grès rouge qui des environs du Tuchan paraît s'étendre au
nord et recouvrir le petit bassin houiller de Ségur à Quintillan, nous
est signalé par M. Noguès, comme appartenant à la formation houillère et non au trias, et encore moins à la craie. Ce bassin et celui de
Durban, dans lequel ce grès s'étend aussi, ont été décrits en 1839
par M. A. Paillette, et les détails qu'a donnés ce géologue ont été

---

(1) Depuis notre communication à la Société, M. E. Dumortier a
bien voulu nous envoyer des fossiles qu'il avait recueillis en place, le
printemps dernier, au col de Carbous, à trois quarts d'heure de marche
au sud de Padern, et qui prouvent la présence sur ce point de couches
du lias identiques à celles d'Aguilar, de Donneuve, etc.

reproduits en 1841, avec de nouvelles observations, par Dufrénoy.
Nous n'avons rien à ajouter ici sur ce sujet, d'autant plus que
M. Noguès se propose de l'étudier de nouveau et de donner une description plus complète de ces dépôts (1).

FORMATION DÉVONIENNE.

Nous rapportons à ce troisième système paléozoïque tout le massif
de transition de Monthoumet, qui s'étend de l'E. à l'O., depuis les
environs d'Embrès et de Durban jusqu'à Alet, et aux Bains-de-Rennes.
Sa longueur est de 12 lieues, et sa largeur, assez constante, de 2 lieues
et demie à 3. Il n'y a point d'axe régulier; les couches, généralement
dirigées dans le sens de sa longueur, sont très tourmentées, et ses plus
grandes altitudes sont sur sa limite méridionale, 564 mètres au nord-
ouest de Montferran, 992 au nord de la Bernousse. Ces deux
points touchent presqu'à la craie. Les cotes 874 et 879 dans la partie
nord de la montagne du Tauch paraissent être sur le terrain de
transition, mais la cote 942 au Pech-del-Fraisse, vers le milieu de sa
longueur, serait sur la couche à *Orbitolites* de la craie inférieure?
Dans la partie nord-ouest, au-dessus de Montjoy, le terrain ancien
atteint encore 721 mètres, puis 661 à l'est de Vilardebelle, et 723
plus à l'ouest, entre Pechemigé et les Alloues.

Les roches qui le composent sont des schistes noirâtres ou grisâtres, des calcaires schistoïdes, des bancs calcaires subordonnés, compactes, gris bleuâtre, et surtout des roches amygdalines ou réticulées,
composées de nodules calcaires brun rougeâtre, déprimés ou allongés, entourés d'un schiste argileux plus ou moins solide. Ces roches,
en bancs puissants subordonnés aux schistes, rappellent parfaitement
la structure et la texture des marbres amygdalins de la vallée de
Campan comme des *griottes* de Caunes dans la Montagne-Noire, mais
nous n'avons point observé de traces de Clyménies dans les nodules
calcaires. Les fossiles que nous avons rencontrés sont des moules
informes de coquilles céphalopodes assez grandes, mais indétermi-
nables, dans les calcaires gris bleuâtre, schistoïdes, exploités sur le
bord de la rivière, le long de la route de Villeneuve à Tuchan, un
peu avant la ligne de partage des bassins de la Berre et du Verdouble.

On a vu que le soulèvement du Mont-Alaric avait fait affleurer les
roches paléozoïques à la partie orientale de cette montagne. Tallavi-

---

(1) Une première note sur la formation houillère de Ségur et de
Durban a été communiquée à la Société géologique, dans la séance
du 15 juin 1857.

gnes en avait signalé un second affleurement à Pellat, un peu au sud
de ce point. En décrivant le cirque de Feuilla, nous avons montré les
schistes satinés et les grès paléozoïques supportant les assises les plus
basses du lias et s'appuyant sur l'îlot de roches dioritiques du fond de
la vallée. Ce cirque n'offre point à l'œil une symétrie aussi parfaite
que celui de Gaubert (Basses-Alpes); il ne présente point le développement grandiose du cirque de la Bérarde (Hautes-Alpes), mais il a
beaucoup d'analogie avec celui de Sombernon (Côte-d'Or), seulement
les terrains qui en constituent les parois sont plus nombreux, ses bords
sont plus escarpés et son intérieur plus accidenté; ses teintes sont
plus variées et plus prononcées, ses formes et son aspect général plus
âpres et plus sauvages.

GRANITES.

Les roches granitiques qui bordent la partie méridionale de notre
Carte supportent çà et là des lambeaux de calcaires crétacés, plus ou
moins modifiés par leur contact. Leurs caractères, leurs relations et
leur influence ont été observés et décrits par Dufrénoy, par
MM. Paillette, Rozet et Durocher. Ce dernier a tracé les limites de
ces effets et donné des coupes détaillées exactes, et nos recherches au
sud de Saint-Paul et de Caudiès, n'ont rien ajouté à ce qu'avaient
vu nos savants prédécesseurs.

ROCHES IGNÉES.

Nous dirons quelques mots des roches ignées ou pyrogènes et des
circonstances de leur gisement. Ces roches, désignées collectivement
sous le nom d'*ophite*, par Palassou, nom qui a été adopté sans plus
d'examen par les personnes qui en ont parlé depuis, d'abord ne sont
point à proprement parler des *ophites* ou des *porphyres verts anti-
ques*, dans le sens que M. Cordier et Alex. Brongniart ont attaché à
cette expression, ensuite elles diffèrent trop souvent les unes des
autres pour qu'on puisse les désigner à la fois sous un nom collectif
commun et spécifique. De plus, leurs gisements variés et leur distribution tendent à prouver, comme leur composition, qu'elles ne
sont pas toutes contemporaines; enfin, rien ne démontre, comme
on l'a dit, que leur apparition date de la dernière période tertiaire.

Les 15 ou 16 gisements de roches ignées que nous connaissons
dans la région étudiée, sont compris dans un triangle dont les
sommets seraient Montredon au nord, N. D. de Faste à l'ouest et
Fitou à l'est. Dans cet espace, aucune roche pyrogène ne s'est fait
jour à travers le terrain tertiaire. Nulle part nous n'en avons vu en
contact avec ses dépôts, non plus que dans les parties élevées du terrain

secondaire. C'est sur les flancs des montagnes ou au fond des vallées qu'on les observe le plus ordinairement. Les gisements de Lambert, de la Quille, de Fraisenelle, de la Plâtrière et de Sainte-Eugénie, sur le versant oriental de la chaîne de Fontfroide, sont dans les couches crétacées inférieures ou dans celles du lias. Ceux de Fontjoncouze, de Villesèque et de Durban dans le lias même; ceux de Roquefort, de Castellemaure, de Fitou, dans les couches crétacées inférieures; celui de Feuilla dans le terrain de transition, ou du moins il l'a soulevé en même temps que les roches secondaires; enfin ceux de Ségur sont dans le terrain houiller.

Les gisements du versant oriental de la chaîne de Fontfroide, qu'a décrits M. Tournal, sont accompagnés de gypses anormaux, c'est-à-dire de gypses et de marnes gypseuses vertes, grises, rouges, etc., le tout non stratifié et n'affectant aucun ordre apparent, relativement aux couches sédimentaires environnantes dans lesquelles les roches sont enclavées. Il en est de même des gisements de Villesèque, de Durban et de Fitou. Dans les autres, le gypse ne se montre pas comme résultat d'un phénomène concomitant. Cependant on ne peut guère douter que là où il existe, il ne soit le produit d'une cause en rapport avec la présence des roches ignées. Mais nous ne pensons pas qu'il en soit de même des grandes assises de dolomies stratifiées régulièrement, crétacées ou liasiques, les unes grises ou noires, cristallines, toujours fétides, subordonnées aux calcaires à Caprotines, ou bien constituant tout l'étage sur une épaisseur de 500 à 600 mètres (pic de Bugarach), les autres grises ou jaunâtres, terreuses ou compactes et plus ou moins celluleuses.

Les caractères minéralogiques de ces roches pyrogènes sont très variés. A la Plâtrière, au sud-ouest de Narbonne, où le gypse accompagne les produits ignés, on trouve une roche dioritique vert clair, à grain très fin, une autre gris verdâtre, une amygdaloïde de même teinte à globules nombreux, compactes, d'un vert foncé avec des grains de quartz hyalin, une amygdaloïde ferrugineuse, brun rougeâtre. De nombreux cristaux de quartz bipyramidaux rougeâtres sont disséminés dans les argiles, et le tout a surgi au milieu des strates secondaires.

A l'ouest de Fontjoncouze les calcaires compactes sont traversés par un filon d'une roche vert pistache uniforme, grenue, à cassure terreuse, composée d'une substance vert jaunâtre à cassure esquilleuse, à éclat gras, et d'une autre vert olive plus foncé à cassure céroïde. Un gisement semblable se voit au fond d'un vallon au sud-est du village. Dans les mamelons volcaniques de Villesèque, qui s'élèvent comme des cônes parasites au milieu d'un cratère, ce sont des amyg daloïdes brunâtres ou roches sédimentaires profondément altérées, sortes de rauchwackes à cassure terreuse, enveloppant une multitude de globules sphériques de carbonate de chaux, blancs ou jaunes, ferrifères, recouverts d'un enduit bleu turquoise. D'autres, à pâte d'un rouge brun, ou gris violacé, légèrement effervescentes, des roches dioritiques verdâtres à cassure terreuse, des masses scoriacées, brun rouge, ou des calcaires marneux, profondément altérés, etc., s'observent encore autour de ces centres d'éruption.

Au fond du cirque de Feuilla, c'est un diorite granitoïde, vert foncé, à grain fin, à cassure terreuse, dont la substance principale, qui paraît être l'amphibole, s'altère facilement ; le feldspath serait lui-même coloré par ce minéral, ce qui donne à la roche sa teinte uniforme. La roche de Fitou gris blanchâtre, d'un aspect tout à fait granitoïde, est, pour M. Delesse qui a bien voulu l'étudier, une eurite contenant beaucoup d'oligoclase quelquefois disposé en étoiles, à éclat un peu gras, d'une teinte grisâtre, se rubéfiant par l'altération, puis de l'orthose, du quartz blanc jaunâtre, du mica noir foncé et quelques grains de fer oxydulé.

Enfin, au milieu et sur les bords du bassin houiller de Ségur se sont, suivant M. Paillette, un porphyre gris clair ou blanc sale, à base de feldspath compacte, avec de petits cristaux de quartz et d'amphibole, se désagrégeant facilement et produisant une argylophyre. Au château de Ségur la roche est compacte, blanche ou gris rougeâtre. Par leur action sur les couches sédimentaires qui accompagnent la houille, les porphyres ont aussi donné lieu à des amygdaloïdes.

Quelles raisons aurait-on de penser que des roches aussi différentes minéralogiquement, dont les circonstances de gisement sont si variées, qui ont produit sur les couches qu'elles ont traversées des effets si compliqués dans certains cas, nuls dans d'autres, et cela à de très petites distances, qui ne se coordonnent à aucune ligne de fracture générale, que de telles roches, disons-nous, soient réellement contemporaines et appartiennent à la dernière période tertiaire plutôt qu'à toute autre? Sans doute, nous avons la preuve que des roches ignées ont dérangé des dépôts très récents sur d'autres points du versant nord des Pyrénées, comme nous l'avons dit nous-même, mais leur synchronisme avec celles-ci ne nous semble pas mieux justifié que le nom d'ophite sous lequel on les a toutes désignées.

Sources minérales et thermales.

Les sources thermales ferrugineuses de la vallée de l'Aude, depuis celles d'Alet et de Campagne jusqu'à celles de Ginols dans le bassin de Quillan, comme celles des Bains-de-Rennes, dans la petite vallée de la Sals, sont en rapport avec des dislocations ou des failles dans les roches secondaires ou tertiaires inférieures, et semblent en être une conséquence. La source du Pont-de-la-Fou, près de Saint-Paul de Fenouillet, est dans le même cas. On a vu quelle était la position des sources salées de Sougraigne, et celle qui paraît avoir existé près de Salces, au nord de Perpignan, provenait sans doute d'un gisement analogue sous les calcaires à Caprotines des collines environnantes.

Lignes de dislocation ou de soulèvement.

On pourrait sans doute imaginer, dans la région que nous venons de décrire, un grand nombre de soulèvements distincts, caractérisés par des directions différentes, si l'on prenait pour tels toutes les petites inflexions locales qui affectent les diverses parties d'une chaîne, toutes les failles accidentelles qu'on observe à chaque pas. Pour nous, nous voyons deux directions principales nettement accusées, suivant lesquelles les phénomènes se sont produits à des époques différentes ou à diverses reprises et sur des lignes parallèles. Ces directions sont N.-E., S.-O., dans la partie orientale de notre Carte, et E. 5 à 6° S., O. 5 à 6° N. dans toute la partie méridionale et centrale. On peut remarquer ensuite deux directions secondaires.

Les massifs de la Clape et de Fontfroide formaient déjà des reliefs alignés suivant la première de ces directions, pendant les dépôts lacustres du bassin de Narbonne et de Sigean dont ils marquaient les bords ; mais plus tard ils ont été surélevés suivant le même axe, de manière à redresser aussi les couches d'eau douce sur leurs pentes. Ce fut lors de ce dernier mouvement que les assises, jusque-là continues de la Clape, furent brisées et prirent la disposition que nous leur voyons aujourd'hui. Le plongement général se prononça au N.-O., tandis qu'à partir des îles de Gruissan jusqu'à l'extrémité du rameau de Tautavel le mouvement de charnière dut s'exécuter en sens inverse. Les phénomènes de même ordre qui se sont produits plus tard, c'est-à-dire l'émersion des dépôts tertiaires moyens et ceux qui ont concouru à la distribution d'autres plus récents, semblent s'être effectués suivant la même direction, quoique le grand axe moyen de la dépression, comprise entre les deux chaînes et qui embrasse la plaine de Narbonne et l'étang de Bages, soit plutôt dirigé N. 20° E. à S. 20° O. Au sud-ouest, sur l'alignement de la Clape, nous trouvons le poudingue tertiaire du bassin de Tuchan relevé sur les pentes des calcaires compactes à Caprotines, absolument de la même manière que les calcaires marneux lacustres, sur le versant nord-ouest de la Clape.

La direction du massif paléozoïque de Monthoumet est sensiblement E., O., et ses limites nord et sud sont parallèles à l'axe de figure. Un plan passant par ses points les plus élevés inclinerait très faiblement au N. Le soulèvement de cette masse est sans doute le plus ancien de la région des Corbières, et les dépôts houillers ont pu se former ensuite vers l'est dans quelques-unes de ses dépressions.

L'accident le plus important que nous observons ensuite dans l'ordre des temps est certainement celui qui a eu lieu après le dépôt et la consolidation des calcaires compactes ou à Caprotines. C'est celui qui a imprimé à toute la région inférieure des Pyrénées, depuis Estagel jusqu'à Foix et au delà, ses formes orographiques les plus remarquables et les mieux accusées. C'est alors que se sont produites ces rides ou crêtes dentelées, parallèles, courant généralement de l'E. quelques degrés S., à l'O. quelques degrés N. Dans l'étendue de notre Carte, elles s'élèvent d'autant plus qu'on s'avance davantage de l'E. à l'O.

Après ce soulèvement se déposèrent, au sud et au nord-est du massif paléozoïque, les roches crétacées supérieures, dans deux petits bassins dont nous ne pouvons aujourd'hui retrouver ni même soupçonner les points de communication. Leurs différences pétrographiques et paléontologiques nous prouvent en effet que, s'ils sont en partie contemporains, leurs sédiments se sont déposés dans des circonstances bien différentes. L'épaisseur des roches arénacées de l'un et la variété des faunes successives de l'autre prouvent néanmoins qu'ils nous représentent un laps de temps énorme.

Les couches crétacées supérieures du sud ont été redressées parallèlement à l'axe du massif paléozoïque contre lequel elles s'appuient directement, et sans doute par un mouvement de surélévation auquel ce dernier a été soumis. L'inclinaison des assises secondaires au S. ou au S.-O. est d'autant plus faible et leur niveau absolu d'autant moindre qu'elles s'approchent davantage des rides crétacées inférieures contre lesquelles elles semblent venir buter. Suivant toute probabilité, ce soulèvement, parallèle aux deux précédents, est de beaucoup postérieur à la fin de la période crétacée.

En effet, les grès tertiaires d'Alet, qui surmontent d'une manière concordante les marnes bleues de la craie, en ont partagé toutes les dislocations, au sud du massif de transition, et nous avons vu qu'au nord de celui-ci le groupe nummulitique qui reposait directement dessus avait été sensiblement redressé dans la même direction. Nous avons vu aussi que la mollasse de Limoux avait dû participer au même mouvement, par suite du plongement général de tout le système, au N., avec une inclinaison d'autant moindre qu'on s'éloignait davantage des schistes paléozoïques, disposition semblable à celle des couches crétacées supérieures du sud. Il en résulte donc que le soulèvement de ces dernières ne date que de la fin de la période tertiaire inférieure ou du dépôt des grès de Carcassonne. Ainsi, à trois époques fort éloignées les unes des autres, des soulèvements se sont produits dans cette région suivant une même direction.

Quoique l'axe du Mont-Alaric soit dirigé O. 15° à 18° N., les relations de la mollasse d'eau douce sur le pourtour de cette montagne nous portent à regarder la formation de sa voûte comme contemporaine de ce dernier soulèvement.

Entre la vallée du Rabe et le versant occidental de la chaîne de Fontfroide, on remarque des rides alignées N. 25° O. à S. 25° E., et plongeant à l'O.-S.-O., depuis la montagne ou l'Ermitage de Saint-Victor jusqu'à Thézan. Elles se continuent au delà par les calcaires bleus et les dolomies qui affleurent au-dessous des psammites de Boutenac. Dans cette dernière partie, le plongement est inverse ou à l'E.-N.-E.; c'est celui que montrent aussi les couches arénacées de la colline de Saint-Martin et celles qui longent la chaîne de Fontfroide, tandis qu'au nord-ouest de la route, dans les monticules de la Grange, de Saint-Julien, de Quilhanet et de Bizanet, une inclinaison à l'O. un peu N. indique une dislocation distincte de la précédente et postérieure au groupe d'Alet comme au groupe nummulitique. En effet, le relèvement des strates, qui depuis l'Ermitage jusqu'à Thézan appartiennent au premier, s'est fait sentir sur les bords du Rabe qui dépendent du second. La vallée de dislocation que parcourt cette rivière est exactement parallèle à la ligne tirée du Saint-Victor à la Bergerie à l'ouest de Boutenac. L'âge plus précis de ce mouvement ne peut encore être déterminé avec les données que nous possédons. Il est possible que celui qui a soulevé le Mont-Tauch et tracé la ligne de partage des eaux qui s'étend ensuite au N.-O., de même que celui à qui les poudingues des plateaux de la Camp et de la Malpère doivent leurs altitudes actuelles, n'en soient que des corollaires.

Quant aux mouvements qui ont accidenté les montagnes des environs de la Grasse, ils se seraient produits dans une direction presque perpendiculaire à la précédente, ou E.-N.-E., O.-S.-O. C'est au moins celle des principaux massifs du groupe d'Alet et des vallées qui les bordent. Nous retrouverons cette direction nettement accusée dans deux accidents remarquables au delà du massif de Monthoumet : les crêtes redressées des couches d'Alet entre Campagne et Serres, et la voûte de la Ferrière à Sougraigne.

La chronologie de ces divers phénomènes ne nous est donc pas révélée d'une manière suffisante par l'examen des couches qu'ils ont accidentées, et nous ne trouvons que les deux soulèvements parallèles de la partie orientale de notre carte, et les trois également parallèles du sud et du centre, dont les rapports stratigraphiques puissent nous éclairer. En résumé, nous trouvons sept séries de dislocations ou de soulèvement qui viennent se ranger dans quatre directions.

Nous devons mentionner encore les dislocations plus locales produites par l'apparition des roches ignées, et sur l'âge desquelles nous n'avons aucune donnée précise, puisque ces roches ont surgi à travers les dépôts de transition, à deux reprises, et, successivement, à ce qu'il semble, à travers les couches jurassiques et crétacées inférieures, sans que nous apercevions bien positivement leur contact avec les roches crétacées supérieures et tertiaires.

Les bassins hydrographiques compris dans l'étendue de notre Carte ne se coordonnent point en général aux accidents dont nous venons de parler, et les rivières principales coulent dans des fentes plus ou moins profondes, perpendiculaires à la direction des couches ; telles sont l'Aude, d'Axat à Carcassonne, la Sals depuis sa source jusqu'à sa jonction avec la Rialsesse, l'Agly depuis son origine jusqu'à Estagel, la Berre, de Quintillan à Portel, le Verdouble, l'Orbieu dans la plus grande partie de son cours, etc.

REMARQUES GÉNÉRALES.

Nous terminerons cet exposé des principaux résultats de notre travail, en faisant observer qu'un caractère commun à la plupart des dépôts dont nous avons parlé est la présence de poudingues solides ou incohérents. Ainsi ces roches constituent presque à elles seules le terrain quaternaire de la vallée de l'Aude et de la plaine de Narbonne ; on en remarque à la partie supérieure de la mollasse et à divers niveaux dans l'épaisseur de ce groupe, ainsi qu'à la base des calcaires marneux, lacustres ; elles prennent surtout une puissance énorme au nord du massif de Monthoumet, de Saint-Martin et de Saint-Pierre à Durfort, puis sur les plateaux élevés de la Camp et de la Malpère. Elles sont très développées dans le premier étage nummulitique au nord du Mont-Alaric et sur d'autres points.

Les poudingues sont un des éléments importants du groupe

d'Alet ; ils apparaissent dans la formation crétacée au-dessus du second niveau de rudistes, et surtout au milieu des psammites et des grès de la région supérieure du nord-est, du Jardin-de-Saint-Julien à Quilhanet, etc. L'étage des calcaires compactes à Caprotines renferme souvent des brèches très puissantes.

Si maintenant on compare à ces dépôts tertiaires et secondaires ceux du même âge dans le sud-ouest, dans le centre et le nord de la France, en Belgique, en Angleterre, etc., on ne verra nulle part un développement aussi constant de roches clastiques. Cette circonstance que M. de Verneuil a aussi constatée sur presque tout le versant sud des Pyrénées, au-dessus des couches nummulitiques proprement dites (1), est parfaitement d'accord avec ce que nous apprennent les caractères stratigraphiques et la distribution irrégulière des roches sédimentaires des Corbières, savoir, la fréquence, à toutes les époques, de dislocations et de perturbations qui ont affecté le relief du pays et interrompu la succession régulière des phénomènes sédimentaires, telle qu'elle avait lieu dans les régions que nous venons de rappeler.

---

(1) *Coup d'œil sur la constitution géologique de quelques provinces de l'Espagne*, par MM. de Verneuil et Collomb (*Bull. Soc. géol. de France*, 2ᵉ sér., vol. X, p. 80-82, 1852).

9 782329 290805